AF833339

HARALD
FISCHER
VERLAG

Christian Dürnberger

Moralische Herausforderungen der Veterinärmedizin in der Nutztierhaltung

HARALD FISCHER VERLAG

Die Publikation wurde ermöglicht durch das Messerli Forschungsinstitut, Abteilung Ethik der Mensch-Tier-Beziehung (Veterinärmedizinische Universität Wien, Universität Wien und Medizinische Universität Wien).

messerli
Forschungsinstitut

1. Auflage 2021

Druck und Bindearbeiten: SDL Buchdruck
Tiermotive Umschlag: Messerli Forschungsinstitut, Abteilung Ethik der Mensch-Tier-Beziehung
Gedruckt auf säurefreiem, alterungsbeständigem Papier
Printed in Germany

Bibliographische Information der Deutschen Bibliothek

Die Deutsche Bibliothek verzeichnet diese Publikation in der Deutschen Nationalbibliographie; detaillierte bibliographische Daten sind im Internet über http://dnb.de abrufbar.

ISBN: 978-3-89131-535-4

Inhalt

1 Veterinärmedizin in der Nutztierhaltung: Einblicke in eine Berufs- und Lebenswelt 9

2 Methodik der Studie 12

3 Demografische Daten 15

TEIL I – MORALISCHE HERAUSFORDERUNGEN DES BERUFS 17

1 Welche Akteur·innen prägen die moralischen Herausforderungen des Berufsfeldes? 19

1.1 Tiere 20

1.1.1 Konkrete Tierschutzthemen 20

1.1.2 Entscheidungen zwischen Leben und Tod in einem angespannten Setting 22

1.2 Landwirt·innen 23

1.2.1 Vierfache Drucksituation 24

1.2.2 Kritische bis abwertende Beschreibungen von Landwirt·innen 27

1.3 Politik und ihre Vorgaben 30

1.3.1 Vorgaben sind kaum zu erfüllen 30

1.3.2 Vorgaben sind nicht nachvollziehbar 31

1.3.3 Zunehmende Bürokratisierung 34

1.4 Gesellschaft 34

1.4.1 Entfremdete, unwissende, überkritische und scheinheilige Gesellschaft 35

1.5 Kollegium, Vorgesetzte, Angestellte und Konkurrenz 37

1.6 Veterinäramt 38

1.7 Der Tierarzt, die Tierärztin – Selbstverständnisse einer Profession 40

1.7.1 Anwält·innen der Tiere 40

1.7.2 Unternehmer·in 40

1.7.3 Sozialarbeiter·in 41

1.7.4 Teil der Landwirtschaft 42

1.7.5 Im Kreis des Kollegiums 43

1.7.6 Privatperson 43

2 Typische moralische Herausforderungen 45
2.1 Häufigkeit der moralischen Herausforderungen 45
2.2 Typen moralischer Herausforderungen 45
2.3 Die gesellschaftliche Debatte rund um die Nutztierhaltung 48
2.4 Austausch über moralische Herausforderungen 48
3 Zusammenfassung und Diskussion: Ein zu enges Feld? 51
3.1 Vier moralische Konflikttypen von unterschiedlicher Relevanz 51
3.1.1 Der zentrale Konflikt: Äußere Hindernisse vs. moralische Überzeugungen 52
3.1.2 Pflicht vs. Neigung: Anwält·innen der Tiere vs. Unternehmer·innen 53
3.1.3 Ethische Dilemmata – weniger relevant als erwartet 54
3.1.4 Offene ethische Fragen kommen kaum vor 55
3.2 Eine idealistische und eine provokante Interpretation der Ergebnisse 55
3.3 Konflikte zwischen Akteur·innen und Rollen 56
3.3.1 Konflikte zwischen Akteur·innen: Das veterinärmedizinische Dreieck in einem Quadrat 56
3.3.2 Konflikte zwischen Rollen: Die Vielfalt der Ansprüche 57
3.4 Ohnmacht und pragmatischer Idealismus: Das Streben nach dem Bestmöglichen 58
3.5 Nicht jede Herausforderung ist eine moralische: Ein weites Ethikverständnis 60
3.6 Herausforderungen als Quelle für »moral distress«? 61
3.7 Mehr Austausch? Ja, aber nur bedingt 63

TEIL II – DIE ZUKUNFT DER PROFESSION 65

1 Beschreibung der eigenen Rolle in der Nutztierhaltung 67
2 Wird Student·innen zum Beruf geraten? 70
2.1 Gründe für die Berufswahl 70
2.2 Gründe gegen die Berufswahl 74
2.3 Würden die Befragten den Beruf wieder ergreifen? 78
3 Geforderte Änderungen im Studium 80
3.1 Forderung nach neuen Ausbildungsinhalten und Schwerpunkten 80
3.2 Ein eigenes Studium für die Sparte? 85

4 Was sollte sich in der Nutztierhaltung allgemein dringend ändern? 88
4.1 Bessere Bedingungen für Tiere 88
4.1.1 Anbindehaltung 89
4.1.2 Bestandsgrößen 89
4.1.3 Kastration und Enthornen 89
4.1.4 Sonstiges 90
4.2 Veränderung der Landwirtschaft insgesamt 90
4.2.1 Ökonomische Umstrukturierung der Nutztierhaltung 91
4.2.2 Verbessertes Kontrollsystem 93
4.2.3 Verbesserte Ausbildung in der Landwirtschaft mit Fokus auf Tierwohl 94
4.2.4 Weg von der Leistungsoptimierung 95
4.2.5 Weitere Forderungen 96
4.3 Veränderung der öffentlichen Debatte 98
5 Wünsche an die tierärztliche Standesvertretung 101
5.1 Professionelles Lobbying und bessere Öffentlichkeitsarbeit 101
5.2 Kritik und Lob 105
6 Rat an die Jugend 108
6.1 Von »Dieser Beruf ist toll« bis »Studiert etwas Anderes« 108
6.2 Konkrete Ratschläge: Praktika, Gewissensprüfung, Praxiswahl und vieles mehr 110
7 Zusammenfassung und Diskussion: Ein wunderbarer Beruf, aber ohne Zukunft? 116
7.1 Neue Ausbildungsthemen – neue Rollen? 116
7.2 Kein Ruf nach Ethik? 119
7.3 Die Sehnsucht nach Deutungshoheit 120
7.4 In der Abenddämmerung des Berufs? 121
8 Abschließende Betrachtungen 124

Literatur 129

Über den Autor 134

1 Veterinärmedizin in der Nutztierhaltung: Einblicke in eine Berufs- und Lebenswelt

Veterinärmediziner·innen, die im Bereich der Nutztierhaltung arbeiten, erledigen einen bedeutsamen Job in einem kontrovers diskutierten Arbeitsfeld, sie selbst aber werden in gesellschaftlichen Debatten wenig gehört. Mit welchen Schwierigkeiten und moralischen Herausforderungen sind sie in ihrem Beruf konfrontiert? Wie erleben sie den gesellschaftlichen Disput rund um die Landwirtschaft? Welche Inhalte sollten ihres Erachtens in der veterinärmedizinischen Ausbildung eine wichtigere Rolle spielen, um angehende Tierärzt·innen besser auf ihre Aufgaben vorzubereiten? Würden sie ihren Beruf noch einmal ergreifen? Und raten sie der Jugend, dies zu tun? Fragen wie diese standen im Mittelpunkt einer Studie, die am Messerli Forschungsinstitut, Abteilung Ethik der Mensch-Tier-Beziehung an der Veterinärmedizinischen Universität Wien, im Jahr 2019 durchgeführt wurde.

Dass sich die angewandte Ethik für die veterinärmedizinische Profession interessiert, mag ein vergleichbar junges Phänomen sein, überraschend ist es jedoch nicht. Der veterinärmedizinische Beruf ist in eine komplexe ethische Struktur eingebettet, die durch Ansprüche von Tieren, Tierhalter·innen, der Profession selbst wie auch der Gesellschaft insgesamt geprägt ist (Rollin 2006, Mullan und Fawcett 2017, Magalhães-Sant'Ana et al. 2016, Morgan und Donald 2007, Tannenbaum 1993). In diesem Spannungsfeld unterschiedlicher Interessen müssen Tierärzt·innen regelmäßig moralisch relevante Entscheidungen treffen. Diese Diagnose trifft insbesondere auf Tierärzt·innen zu, die im Bereich der Nutztierhaltung tätig sind. Die Nutztierhaltung ist nach wie vor ein essenzielles Element in der europäischen Nahrungsmittelversorgung, zugleich haben westliche Gesellschaften – als typisches Beispiel kann Deutschland genannt werden – ein ambivalentes Verhältnis zur landwirtschaftlichen Tierhaltung (Boogaard et al. 2011). Während die hohe Lebensmittelsicherheit und die niedrigen Lebensmittelpreise geschätzt werden (Boogaard et al. 2008), artikuliert sich zunehmend gesellschaftliche Kritik im Besonderen rund um Aspekte des Tierschutzes (Bergstra et al. 2017; Clark et al. 2016; Krystallis et al. 2009; Busch et al. 2015; Kayser und Spiller 2012; Special Eurobarometer 2018). Bilder aus der gegenwärtigen landwirtschaftlichen Tierhaltung werden von weiten Teilen der deutschen Gesellschaft negativ bewertet. (Boehm et al. 2010; Wildraut et al. 2015; Weible et al. 2016). Manche Stimmen fordern gar die komplette Abschaffung der Nutztierhaltung.

Es gibt kein ausreichendes Verständnis darüber, wie Nutztierpraktiker·innen selbst die Herausforderungen ihrer Profession wahrnehmen. Ziel der vorliegenden Studie war es daher, dies näher zu beleuchten. Genauer weist das Buch zwei Teile auf. Der erste fokussiert auf die moralischen Herausforderungen des Berufs, der zweite auf die Zukunft der Profession allgemein – und zwar aus Sicht der teilnehmenden Veterinärmediziner·innen. Beide Teile sind weitgehend identisch strukturiert: Nach der Darstellung der Resultate der Studie erfolgt eine Diskussion der zentralen Ergebnisse samt zusammenfassender und weiterführender Thesen. Dabei wird in beiden Teilen darauf Wert gelegt, die Tierärzt·innen, die an der Studie teilgenommen haben, selbst zu Wort kommen zu lassen, um die angestrebten Einblicke in ihre Berufs- wie Lebenswelt möglichst lebendig und adäquat zu schildern. Das Buch weist daher bewusst zahlreiche und ausführliche Zitate aus der Studie auf. Bei der Darstellung dieser Antworten werden männliche und weibliche Formen abwechselnd verwendet. Dies dient nicht nur der Anonymisierung, sondern auch dem Versuch einer gendergerechten Sprache. Um eine leichtere Lesbarkeit zu ermöglichen, wurden in den direkten Zitaten Fehler bei Rechtschreibung und Zeichensetzung ausgebessert.

Die im Folgenden detailliert dargestellten Ergebnisse wurden in englischsprachigen Artikeln in Fachjournalen in verkürzter Form publiziert:

Dürnberger, Christian (2020): I would like to, but I can't. An Online Survey on the Moral Challenges of German Farm Veterinarians. In: Journal of Agricultural and Environmental Ethics. https://doi.org/10.1007/s10806-020-09833-0.

Dürnberger, Christian (2020): Am I actually a veterinarian or an economist? Understanding the moral challenges for farm veterinarians in Germany on the basis of a qualitative online survey. In:

Research in Veterinary Science.
https://doi.org/10.1016/j.rvsc.2020.09.029.

Dürnberger, Christian (2020): The last of us? An online survey among German farm veterinarians about the future of veterinary training, livestock farming and the profession in general. In: International journal of livestock production.
https://doi.org/10.5897/IJLP2020.0697.

Umfragen, die auf offene Fragestellungen fokussieren, haben per se explorativen Charakter. Die Studie soll demnach einen explorativen Einblick in die Arbeits- und Lebenswelt der Nutztierpraktiker·innen geben und auf diesem Weg eine Datenbasis schaffen, die es erlaubt, neue Forschungsfragen zu generieren und Hypothesen zu formulieren, die in späteren (repräsentativen) Studien überprüft werden können. Insgesamt sollen die Ergebnisse der Studie zur weiterführenden Diskussion anregen, und zwar sowohl innerhalb der Tierärzt·innenschaft wie auch in gesellschaftspolitischen Prozessen.

Mein ausdrücklicher Dank gilt dem Messerli Forschungsinstitut, Abteilung Ethik der Mensch-Tier-Beziehung an der Veterinärmedizinischen Universität Wien, im Besonderen Professor Herwig Grimm, für die Unterstützung der Publikation.

2 Methodik der Studie

Die Umfrage richtete sich an Tierärzt·innen, die (ganz oder teilweise) im Bereich der Nutztierhaltung in Deutschland tätig sind. Wann immer im Folgenden Begriffe wie »Tierarzt« oder »Veterinärmedizinerin« in diesem Buch verwendet werden, geht es demnach ausschließlich um Tierärzt·innen, die in diesem Bereich arbeiten. Via Google wurden 227 Tierärzt·innen bzw. Praxen im Bereich der Nutztierhaltung in Deutschland identifiziert und per E-Mail zur Teilnahme an der Online-Umfrage eingeladen. Darüber hinaus verwiesen »MSD Tiergesundheit«, die Fachzeitschrift »Der Hoftierarzt« sowie der Bundesverband Praktizierender Tierärzte e.V. auf die Online-Umfrage. Die Teilnahme an der Studie war freiwillig und anonym, auch wurde kein Anreiz dafür angeboten. Die Teilnehmer·innen wurden darüber informiert, dass die Ergebnisse anonymisiert veröffentlicht werden. Die Entscheidung für eine Online-Befragung wurde aus forschungspragmatischen Gründen getroffen: Nutztierpraktiker·innen leben in ganz Deutschland verteilt und haben einen engen Zeitplan. Beide Aspekte machen es schwierig, sie zu semi-strukturierten Interviews einzuladen oder sie für derartige Befragungen zu besuchen. Eine Online-Befragung gab der Zielgruppe der Studie hingegen die Möglichkeit, zeitlich und örtlich flexibel auf die Fragen einzugehen.
Der Fragebogen bestand aus drei Teilen, die dazu bestimmt waren, Daten über die folgenden Aspekte zu sammeln:

- Demographische Daten (8 Items)
- Moralische Herausforderungen des Berufs (2 offene und 12 geschlossene Fragen)
- Zukunft der Veterinärmedizin im Kontext der Nutztierhaltung (6 offene und 6 geschlossene Fragen)

Die geschlossenen Fragen waren großteils vorgegebene Statements, in denen die Befragten aufgefordert wurden, ihre Zustimmung oder Ablehnung auf einer 6-Punkte-Likert-Skala anzugeben.[1] Der Fragebogen

[1] (1) Ich stimme völlig zu, (2) Ich stimme zu, (3) Ich stimme eher zu, (4) Ich stimme eher nicht zu, (5) Ich stimme nicht zu, (6) Ich stimme überhaupt nicht zu.

war vom 1. Juni bis 30. September 2019 online verfügbar. Ein Link zum Fragebogen unter www.umfrageonline.com, in dem die Ziele der Studie beschrieben und die Anonymität aller Befragten zugesichert wurde, wurde per Mail an potenzielle Teilnehmer·innen verschickt. Die Antworten zu den offenen Fragestellungen wurden nach der Methode der qualitativen Inhaltsanalyse (Mayring 2015) interpretiert. Ziel einer solchen zusammenfassenden Analyse ist es, das gegebene Textmaterial (im vorliegenden Fall die Antworten der Teilnehmer·innen) systematisch zu analysieren, indem sie die Texte schrittweise mit einem am Material entwickelten Kategoriensystemen bearbeitet, so dass am Ende ein überschaubarer Corpus steht, der ein Abbild des Ausgangsmaterials darstellt. Kuckartz nennt – in Orientierung an Mayring – folgende konkrete Schritte des Verfahrens der qualitativen Inhaltsanalyse: (a) Einer initiierenden Textarbeit als erstem Durchgang mit Markierung wichtiger Textstellen folgt die (b) Entwicklung von thematischen Hauptkategorien. Ein erster Probedurchlauf prüft und erweitert bzw. verfeinert das gewonnene Kategoriensystem, bevor (c) eine Codierung des vorhandenen Materials anhand dieser Kategorien erfolgt. (d) Anschließend werden alle Textstellen, die mit der gleichen Hauptkategorie codiert wurden, zusammengestellt. (e) Durch Arbeit am Material werden induktiv Subkategorien gewonnen. (f) Hiernach kommt es zur Codierung des gesamten Materials mit dem ausdifferenzierten Kategoriensystem und schließlich (g) zur kategorienbasierten Auswertung (vgl. Kuckartz 2012, 78). Bestimmte Antworten zu den offenen Fragestellungen wurden auch quantitativ ausgewertet. Entsprechende Angaben können und sollen jedoch – da sich Antworten oft nur bedingt einer Kategorie klar zuordnen lassen – nur einen ungefähren Eindruck über die mengenmäßige Verteilung vermitteln.

Über die Methodik einer Studie Auskunft zu geben, bedeutet auch, über ihre Limitierungen zu sprechen: Die vorliegende Erhebung ist keine repräsentative. Sie will und kann keine Aussagen darüber machen, ob die Antworten der Teilnehmer·innen typisch für deutsche Veterinärmediziner·innen im Bereich der Nutztierhaltung sind. Der beschriebene Rekrutierungsprozess kann dabei einen gewissen Bias nicht vollständig ausschließen: Gemeint ist damit weniger, dass nur Tierärzt·innen kontaktiert wurden, die einen Online-Auftritt bzw. zumindest Internetzugang haben, sondern dass eventuell Veterinärmediziner·innen eher bereit waren, den Fragebogen zu beantworten, die eine gewisse Sensibilisierung für ethische Reflexionen aufweisen. Schließlich stellt das Thema »Moralische Herausforderungen« die Frage, inwieweit die Studie an bestimmten Stellen so genannte »sozial erwünschte Antworten« dokumentiert, die Befragten also nicht das antworteten, was sie wirklich denken, sondern das, was sie glauben, antworten zu sollen, um als gute, integre Personen zu erscheinen. Um diese Art von Antworten zu vermeiden, wurde bewusst versucht, Fragen und Aussagen der Studie weitgehend »neutral« und zurückhaltend zu formulieren. Obwohl sozial erwünschte Antworten nie gänzlich ausgeschlossen werden können, deutet wenig darauf hin, dass sie in der vorliegenden Studie breiten Raum einnehmen.

3 Demografische Daten

Insgesamt nahmen 123 Tierärzt·innen an der Studie teil. 51,22% der Teilnehmer·innen waren weiblich, 47,97% männlich. Das durchschnittliche Alter lag bei 45,39 Jahren. 89% der Teilnehmer·innen haben ihr veterinärmedizinisches Studium (teilweise oder vollständig) an deutschen Universitäten absolviert. Durchschnittlich waren die Teilnehmer·innen zum Zeitpunkt der Erhebung seit 16,39 Jahren als Nutztierpraktiker·innen beruflich tätig. Beim konkreten Arbeitsbereich war eine Mehrfachauswahl möglich, es ergab sich hierbei die folgende Verteilung:

- Rinderhaltung: 92,2%
- Schweinehaltung: 33%
- Geflügel: 4,3%
- Anderes (wie Schafe oder Ziegen): 20,9%

Mit Blick auf das Angestelltenverhältnis ergab sich folgende Konstellation:

- Selbstständig mit Angestellten: 50,4%
- Angestellt: 34,8%
- Selbstständig ohne Angestellte: 13%
- Sonstiges: 1,8%

Danach gefragt, wo die Teilnehmer·innen beruflich tätig sind, war Bayern mit 33% der »Spitzenreiter«, gefolgt von Niedersachsen mit 20% und Nordrhein-Westfalen mit 13,9%. In alphabetischer Reihenfolge der Bundesländer gelistet, ergab sich folgende Verteilung:

- Baden-Württemberg: 10,4%
- Bayern: 33%
- Brandenburg: 4,3%
- Hessen: 5,2%
- Mecklenburg-Vorpommern: 2,6%
- Niedersachsen: 20%

- Nordrhein-Westfalen: 13,9%
- Rheinland-Pfalz: 2,6%
- Sachsen: 2,6%
- Sachsen-Anhalt: 1,7%
- Schleswig-Holstein: 8,7%
- Thüringen: 3,5%
- Sonstiges: 3,5%

TEIL I

MORALISCHE HERAUSFORDERUNGEN DES BERUFS

1 Welche Akteur·innen prägen die moralischen Herausforderungen des Berufsfeldes?

Die zentrale Aufgabenstellung des ersten Teils der Studie war bewusst offengehalten. Sie lautete: »Beschreiben Sie Situationen aus Ihrem Berufsalltag, die Sie als moralisch besonders herausfordernd empfinden.« Hierbei wurde weder eine Definition von »moralisch herausfordernd« vorgegeben noch Beispiele genannt. An dieser Stelle soll eine exemplarische Antwort eines Teilnehmers[2] im Wortlaut zitiert werden:

> Als moralisch herausfordernd empfinde ich den Konflikt zwischen medizinisch Möglichem, praktisch Umsetzbarem (also Bezahlbarem) und tierschutz-, arznei- und lebensmittelrechtlich Einwandfreiem. In diesem Spannungsfeld versuche ich täglich, die für Tier, Tierhalter und Verbraucher (also Lebensmittelkonsumenten) richtige Lösung zu finden, mit der ich selber nachts ruhig schlafen kann.

Dieser Auszug einer Antwort ist beispielhaft zu nennen, da er entscheidende Aspekte anspricht, die im weiteren Verlauf erläutert werden. Im Besonderen ist hier vom Versuch die Rede, in einem Spannungsfeld zu agieren, das durch die Interessen verschiedener Akteur·innen geprägt ist – und in dem man nicht nur diesen Interessen, sondern auch dem eigenen Selbstverständnis gerecht werden will. Um näher zu klären, worin Tierärzt·innen die essenziellen moralischen Herausforderungen ihres Berufs sehen, wurde demnach folgende Analysefrage gewählt: Welche Akteur·innen prägen die moralisch herausfordernden Situationen? Folgende Gruppen konnten hierbei identifiziert werden:

(1) Tiere
(2) Landwirt·innen

[2] Wie eingangs geschildert, werden in der Ergebnisdarstellung aus Gründen einer gendergerechten Sprache männliche und weibliche Formen abwechselnd verwendet, ohne dass damit Hinweise auf das tatsächlich angegebene Geschlecht intendiert sind.

(3) Politik und ihre Vorgaben
(4) Gesellschaft
(5) Kollegium, Vorgesetzte, Angestellte und Konkurrenz
(6) Veterinäramt
(7) der Tierarzt, die Tierärztin selbst

Die Antworten sind dabei von (1) bis (6) quantitativ gereiht, um einen ungefähren Eindruck der Häufigkeit zu vermitteln. Ein expliziter Bezug zu den Tieren, die veterinärmedizinisch zu betreuen sind, ist demnach häufiger in den Antworten aufzufinden als etwa der Verweis auf das Veterinäramt. Akteur (7) ist hingegen nur schwerlich zu quantifizieren und wird daher von dieser quantitativen Reihung ausgenommen.

1.1 Tiere

Nahezu alle Teilnehmer·innen kommen – angesichts der beschriebenen Aufforderung moralisch besonders herausfordernde Situationen zu beschreiben – noch im allerersten Satz explizit auf die Tiere zu sprechen, die sie zu behandeln haben. Beispielhaft lautet der Beginn einer Antwort: »Ich finde die teilweise schlechten Haltungsbedingungen der Nutztiere (…) belastend.« Als Kontrast kann auf eine (vollständig zitierte) Antwort verwiesen werden, die die absolute Ausnahme darstellt, da sie eben nicht explizit Tiere und die Belange von Tierschutz anspricht: »Zeitdruck, Kostendruck, unendlicher Bürokratismus, fehlende Unterstützung von Kollegen und der Tierärztekammer.«

1.1.1 Konkrete Tierschutzthemen

Im Verlauf ihrer Antworten nennen die Befragten auch konkrete Tierschutzthemen, die sie als moralisch herausfordernd empfinden:

- Mangelnde Hygiene im Stall
- Schlechte Klauenpflege
- Grundsätzlich veraltete Haltungssysteme

- Lahmheit bei Kühen (Beispielhaftes Zitat: Es erfolgt »keine Behandlung von lahmen Kühen, obwohl mehr als 30% der Herde auffällig läuft. [Der Landwirt sagt hierzu …]: ›Klauenpfleger kommt erst nächsten Monat‹.«)
- (Ganzjährige) Anbindehaltung
- Überbelegung in Ställen
- Keine ausreichende Schmerzausschaltung (z.B. bei Enthornung oder Kastrationen)
- Mangelnde Diagnosemöglichkeiten (Moralisch herausfordernd sind »die mangelnden Diagnosemöglichkeiten bei Nutztieren, die oft zur Schlachtung oder Euthanasie führen ohne zu wissen was das Tier genau hat, da weiterführende Untersuchungen nicht möglich sind.«)
- Zu wenig Zeit für klinische Untersuchungen
- Der Umgang mit Antibiotika (eine Teilnehmerin kritisiert beispielsweise, dass die »Auswahl der Antibiotika nach Wartezeit (›falls es doch nichts wird und [das Tier] doch geschlachtet wird‹), nicht nach medizinischer Indikation« geschieht.)
- Das grundsätzliche Vorgehen im Fall der Tierseuchenbekämpfung (Beispielhafte Zitate: Moralisch herausfordernd ist die »Euthanasie von klinisch gesunden Tieren im Falle der Tierseuchenbekämpfung« oder auch »Herdentötungen im Seuchenfall, obwohl gute Impfstoffe vorhanden« sind.)
- Die Schlachtung trächtiger Tiere (Moralisch herausfordernd ist die »Schlachtung trächtiger Tiere – durch Gesetz fast Legitimation zur Schlachtung niedertragender. Sind ja nicht hochtragend, also nicht verboten, also in Ordnung. [So die] Ansicht einiger Landwirte« oder auch »Lebend- & Fleischbeschau fördert Dinge zu Tage, die man nicht wissen will – geschweige denn essen will (z.B. kleiner Embryo ca. 5 Wochen alt in einer Kuh, die wegen Zellzahl geschlachtet wird) – vollkommen legal – aber was maßen wir uns da an?«)

1.1.2 Entscheidungen zwischen Leben und Tod in einem angespannten Setting

Die letztgenannte Thematik spricht es bereits an: Besonders Entscheidungen zwischen Leben und Tod von Tieren werden als moralisch herausfordernd empfunden. Eine beispielhafte Antwort, die hier verortet werden kann, lautet: Moralisch herausfordernd ist es,

> … wenn ich bei manchen Tieren nach mehr oder weniger intensiven Behandlungen entscheiden muss, ob und wann wir mit der Therapie aus medizinischer oder auch finanzieller Sicht aufhören und das Tier euthanasieren.

In entsprechenden Erläuterungen wird dabei klar, dass diese Entscheidungen in einem angespannten Setting getroffen werden müssen, das im weiteren Verlauf noch näher diskutiert werden wird, und zwar in jenem Setting, in dem gegenwärtig Nutztierhaltung stattfindet. Ein Tierarzt schreibt beispielhaft:

> Häufig geht es aber auch um die Frage, kann ein Tier noch zum Schlachten oder nicht, muss es als krank eingestuft werden oder erfüllt es nur seinen Zweck nicht mehr. Muss eine Kuh, die ein paar Tage nicht mehr aufkommt, euthanasiert werden, obwohl der Landwirt noch Hoffnung hat und sich gut um das Tier kümmert? Die Landwirte haben inzwischen Angst, wenn sie solche Tiere dann doch von der Tierkörperbeseitigungsanstalt abholen lassen, dass sie eine Anzeige wegen Tierquälerei bekommen, nur weil das Tier irgendwo aufgelegen ist. Wie soll ich mich als Tierarzt verhalten, alles möglichst schnell totmachen und weg? Darf ein Tier nicht mehr krank sein und Zeit haben vielleicht zu genesen?

Eine Teilnehmerin schreibt:

> Moralisch herausfordernd sind … Notkaiserschnitte z.B. mit anschließender Euthanasie des Muttertieres. Wie viel muss die Kuh noch leisten bis sie endlich ausgedient hat. Helfe ich gerade dem Kalb oder schade ich hauptsächlich der Mutter? Manchmal sind für mich die Grenzen zwischen Tierschutz und Tierleid fließend.

Ein weiteres Zitat, das hier subsumiert werden kann und das im vollen Umfang wiedergegeben werden soll, lautet:

> Immer wieder treffe ich in kurzer Zeit Entscheidungen, ob eine Therapie mit welchem Aufwand unter den gegebenen Betriebsbedingungen mit welcher Aussicht auf Erfolg begonnen werden soll oder ob das Tier besser geschlachtet wird, solange der Schaden begrenzt und noch keine Arzneimittel eingesetzt wurden. Konkretes Beispiel: mit ungewissem Ausgang habe ich mich vor ein paar Wochen für eine Klauenamputation bei einer lahmen Kuh entschieden. Der Klauenschneider konnte nichts mehr für die Kuh tun, also wurde sie mir vorgestellt. Mit entsprechendem Aufwand für Amputation und Verbandswechseln über Wochen ist der Allgemeinzustand der Kuh deutlich verbessert, sie gibt kontinuierlich 30l Milch am Tag, der Landwirt ist zufrieden. Ich freue mich über den medizinischen Erfolg, frage mich im Stillen jedoch, welchen Sinn die erreichte Lebensverlängerung tatsächlich für die Kuh hat und ob es global betrachtet Sinn ergibt, mehr Milch für ein Gesamtsystem zu produzieren, das sowieso zu viel Milch produziert? Ich würde mich beim nächsten Fall wieder dafür entscheiden, da mein Ansatz ist, am Tier heilen zu wollen und dem Einzeltier Schmerzen und Leiden zu nehmen. Da ich persönlich das globale Wirtschaftssystem, in dem wir und die Kühe leben, nicht ändern kann, möchte ich wenigstens dafür arbeiten, täglich den Tieren, mit denen ich in Kontakt komme, weiterzuhelfen.

1.2 Landwirt·innen

Aus Sicht der Befragten ist die Gruppe der Landwirt·innen entscheidend, um die moralischen Herausforderungen des veterinärmedizinischen Berufsfeldes besser zu verstehen. Dabei werden Landwirt·innen und ihre Rolle durchaus unterschiedlich beschrieben. Mindestens zwei Arten der Thematisierung können wie folgend gezeigt differenziert werden.

1.2.1 Vierfache Drucksituation

Die Befragten weisen darauf hin, dass Landwirt·innen einer enormen Drucksituation ausgesetzt sind. Dieser Druck ist primär ökonomisch bedingt, erschöpft sich jedoch nicht in finanziellen Belastungen.

(a) Wirtschaftlicher Druck

Die Teilnehmer·innen beschreiben einen »zunehmenden wirtschaftlichen Druck« auf Seiten der Landwirt·innen, sprechen gar von einer »Not«. Entsprechend ist ein zentraler Konflikt auf Seiten der Tierärzt·innen jener zwischen Wirtschaftlichkeit und Tierschutz. Ein Teilnehmer schreibt hierzu über die eigene Rolle: »Wir stehen täglich im Spannungsfeld zwischen (berechtigten) wirtschaftlichen Ansprüchen der Landwirte und dem Wohl unserer Patienten.« Für »das Nutztier kann nur wenig/nichts investiert werden, da keine Erlöse für die Produkte erzielt werden.« Vor diesem Hintergrund werden »Behandlungen aus wirtschaftlichen Gründen (...) abgelehnt ...«. Die Tierärzt·innen geben an, dass sie die Tiere gerne »intensiver behandeln« würden, sie aber »nicht behandeln (...) dürfen aus wirtschaftlichen Gesichtspunkten.« Dies ist »aus Kostengründen nicht möglich«. Sie agieren damit stets auch an den Grenzen der Behandlung. Die Befragten beschreiben es in diesem Kontext beispielsweise als moralisch herausfordernd, dass sie zu spät zu kranken Tieren gerufen werden. Landwirt·innen, so berichtet eine Teilnehmerin, rufen beispielsweise erst am Montag an, um Kosten zu sparen: Herausfordernd ist, »zu einer festliegenden Kuh erst am Montag gerufen [zu werden], obwohl seit Samstag festliegend (›am Wochenende zu teuer‹)«.

Veterinärmedizin in der Nutztierhaltung bedeutet demnach grundsätzlich ein »ständiges Abwägen der Wirtschaftlichkeit.« Ein Teilnehmer beschreibt es als einen »Spagat« zwischen »Handlungen, die dem Tierwohl/Tierschutz dienen und den wirtschaftlichen Möglichkeiten in einem landwirtschaftlichen Betrieb.« »Ökonomische Zwänge« auf Seiten der Tierbesitzer·innen geben demnach oft Entscheidungen vor. Manche Tiere trifft es im System besonders hart: »Männliche Kälber werden nicht behandelt, da [die] Tierarztkosten durch [den] Verkauf nicht gedeckt« sind. Es gilt: »Jede Behandlung und Spritze muss abgewogen werden.« Die Wirtschaftlichkeit ist »in der Großtierpraxis (...) die oberste Frage.« Die ökonomischen Zwänge der Landwirtschaft gehen nicht nur zu Kosten der Gesundheit der Tiere, sie führen auch zu Euthanasieentscheidungen: Es kommt aus Gründen der Wirtschaftlichkeit zur »Tötung kranker Tiere mit mehr oder weniger Chancen auf Heilung«. Die »Abwägung zwischen Entscheidung einer Euthanasie oder Therapie ist nicht leicht zu treffen.« Besonders die Tötung von Tieren »aufgrund ausschließlich wirtschaftlicher Grundlagen und Entscheidungen« wird als belastend beschrieben. Eine Teilnehmerin erwähnt das Beispiel: »Milchkühe, die unter intensiveren pflegerischen Maßnahmen geheilt werden könnten, [sie] werden [jedoch] aus Kostengründen geschlachtet (vor allem Klauenprobleme).« Oder es kommt aus wirtschaftlichen Gründen *nicht* zu einer Euthanasie: Der »Landwirt hat ein Tier, [es] kann nicht geschlachtet werden, [er] will aber auch nicht, dass es eingeschläfert wird (Landwirt will es nicht, weil zu teuer).« Für »wirtschaftlich basierte Therapieentscheidungen« sollen auch ausführlichere Antworten zitiert werden:

> Oft ist es so, dass man weiß, man könnte einem Tier helfen, es aber aus wirtschaftlichen Gründen vom Tierhalter nicht gewünscht wird. Z.B. werden männliche Milchviehkälber nicht mehr behandelt, weil die Behandlungskosten den ›Wert‹ des Tieres überschreiten würden. Stattdessen wird das Tier entweder krank verkauft mit Erreichen des 14. Lebenstages oder es stirbt schon vorher.

> Eine kranke Kuh, die durchaus mit den Möglichkeiten der Tiermedizin zu heilen wäre, deren Behandlung der Tierhalter aber aus Kostengründen entweder ablehnt oder selbsttätig ›reduziert‹, indem er ihr nicht die angeordneten Medikamente verabreicht. Das unnötige Leid der Kuh und die Vorwürfe des Landwirtes, dass die Behandlung zu teuer und nicht erfolgreich war, zermürbt sehr.

> Moralisch herausfordernd sind die Situationen, in denen zwischen Wirtschaftlichkeit und Tierschutz entschieden werden muss. Hier gibt es kein Schwarz-weiß, sondern nur Graubereiche. Muss jedes Tier mit einem entzündeten Gelenk sofort notgetötet

werden? Wie lange sollte ein Tier in der Krankenbucht verbleiben, kann es überhaupt hin und her gestallt werden?

Ein Tierarzt spitzt Abwägungen dieser Art auf die Aussage zu: »Manchmal stellt sich die Frage ob ich Mediziner bin oder Ökonom.«

(b) (Zu) hohe Arbeitsbelastung

Verquickt mit der finanziell angespannten Situation wird der Druck auf Seiten der Landwirt·innen weiter ausdifferenziert. Die Befragten erkennen, dass oftmals »die Arbeitsbelastung zu groß« wird, »was zu ungenauer Arbeit bei den Landwirten führt und in weiterer Folge zu Erkrankung der Kühe/Kälber (z.B. korrekte Melkhygiene wird nicht zu 100% gemacht, korrekte Reinigung der Kälberboxen).« Eine in diesem Kontext exemplarische Antwort lautet:

> Die meisten Bauern sind überfordert (ökonomischer Druck, Fachkräftemangel), so dass das Tier mehr und mehr zu einem industriellen Produktionsmittel wird, das möglichst komplikationslos eine hohe Leistung erbringen soll.

(c) Überforderung und soziale Schieflage

Tierschutzrelevante Probleme hängen darüber hinaus oft mit einer Überforderung bzw. einer sozialen Schieflage der Landwirt·innen zusammen. Beispielhaft:

> Es kommt immer wieder vor, dass alte Landwirte ihren Betrieb noch alleine weiterführen, ohne irgendeine Unterstützung von der Familie. Dann kommt Überforderung dazu, die Dinge fangen an aus dem Ruder zu laufen. Meistens ist der Mensch schlechter dran als sein Vieh. Muss ich dann so jemand auch noch die Behörden auf den Hals schicken, damit sie ihm den Betrieb schließen?

Moralisch herausfordernd ist es mit Menschen zu tun zu haben …

> … die selber nicht besser wohnen als ihre Tiere – in völlig verdreckten Häusern, dazu häufig noch familiäre oder sonstige Probleme. […] Eigentlich sollte der Tierarzt der berufene Schützer der

Tiere sein – aber kann man solchen Bauern auch noch das Amt ›auf den Hals hetzen‹ wegen Tierschutz?

Eine Teilnehmerin fragt allgemein: »Wer kümmert sich eigentlich um verwahrloste überforderte Landwirte?«

(d) Gesellschaftlicher Druck

Schließlich wird auch der gesellschaftliche Druck erwähnt, dem Landwirt·innen ausgesetzt sind. Ein Tierarzt spricht von einer allgemeinen »Kriminalisierung der Tierhaltung und der Tierhalter«, die um sich greift. In einer Antwort heißt es: »Man möchte als Tierarzt ja nicht auch noch auf die Landwirte eindreschen, die ja eh seit Jahren in der Dauerkritik stehen.« Im Gegenteil, manche sehen sich auch als »Seelentröster, Mutmacher« der Landwirt·innen.

1.2.2 Kritische bis abwertende Beschreibungen von Landwirt·innen

Wenngleich der wirtschaftliche Druck, unter dem die Landwirtschaft steht, aus Sicht der Befragten als entscheidende Quelle für Tierschutzprobleme genannt werden kann, kommen die Tierärzt·innen auch auf andere Schwierigkeiten mit Blick auf die Landwirt·innen zu sprechen: Diese werden zum Teil als roh, ignorant und schlecht ausgebildet beschrieben.[3] Es gibt »tierschutzrelevante Vorfälle in Betrieben, die von den Tierhaltern nicht als solche wahrgenommen werden«, so eine Tierärztin. Es existiert auf Seiten mancher Landwirt·innen eine

[3] Obwohl es sich aus der Methodik der Studie grundsätzlich erklärt, soll hier nochmals Folgendes explizit gemacht werden: Eine *qualitative* Auswertung strebt nicht nach quantitativen Aussagen. Wenn es im Folgenden heißt »Landwirt·innen werden von Studienteilnehmer·innen als roh und ignorant beschrieben«, bedeutet dies eben nicht, dass alle Befragten diese Aussage gemacht haben bzw. ihr zustimmen würden. Des Weiteren adressieren derartige Statements nicht notwendigerweise *alle* Landwirt·innen. So könnte eine Teilnehmerin beispielhaft argumentieren: »Der Großteil der Landwirte kümmert sich gut um ihre Tiere, aber es ist gibt auch welche, die man als roh und ignorant beschreiben muss.«

»mangelhafte Einsicht in Tierschutzbestände sowie mangelhafte Unterstützung bei der Behebung eben dieser.« Eine Antwort weist darauf hin, dass es hier oft unterschiedliche Beurteilungen zwischen den Berufsgruppen gibt:

> Tierschutz bzw. Quälerei oder Vernachlässigung sind für Landwirte oft etwas Anderes als für Tierärzte. Viele Missstände werden vom Landwirt nicht als solche wahrgenommen bzw. anders bewertet.

Es stellt sich damit die Anschlussfrage, woran diese mangelhafte Wahrnehmung liegt. Warum erkennen manche Landwirt·innen Tierschutzprobleme nicht? Hierzu finden sich in den Antworten unterschiedliche Thesen, die freilich ineinander übergehen.

(a) Ignoranz und roher Umgang

Manche Landwirt·innen, heißt es in Antworten, zeigen ein grundsätzliches Desinteresse an allen tierischen Bedürfnissen, die über die Leistungsfähigkeit der Tiere hinausgehen. In einer Antwort heißt es hierzu:

> Die meisten Landwirte sind bereit, ihre Tiere angemessen behandeln zu lassen. Jedoch treffe ich vereinzelt auf Landwirte, die entweder etwas ›robuster‹ gestrickt sind oder (aus Betriebsblindheit oder Ignoranz, das ist oft schwer zu sagen) nicht einsehen (wollen), dass eine Behandlung, auch mit Schmerzmittel, dringend notwendig ist.

Moralisch herausfordernd sind …

> … Ignoranz bzw. Desinteresse an den Bedürfnissen der Tiere, z.B. gesunde Klauen, saubere Liegeboxen, Wasser und Heu auch für kleine Kälber, Schatten bei Bedarf, Biestmilchversorgung.

Derartige Probleme werden auch konkretisiert: Herausfordernd sind

> Standardbehandlungen, die durch den Landwirt ausgeführt werden, z.B. Enthornen von Kälbern. Man hat häufig Kenntnis da-

rüber, dass die Prozedur besser ausgeführt werden könnte, beispielsweise durch Einsatz von Lokalanästhesie, oder nicht einmal ordnungsgemäß durchgeführt wird, beispielsweise durch Nichtgebrauch von NSAID. Gleichzeitig ist es zweifelhaft ob man den Landwirt davon überzeugen kann, dass der Gebrauch von NSAID + Lokalanästhesie eine Verbesserung für ihn darstellen würde.

Bestimmte Landwirt·innen argumentieren hierbei laut einer Antwort wie folgt: »Das haben wir immer schon so gemacht, das machen wir jetzt auch so.« Zur beschriebenen Ignoranz gehört demnach auch, auf Verbesserungsvorschläge nicht einzugehen: Landwirt·innen werden als »beratungsresistent« beschrieben was veterinärmedizinische Vorschläge angeht. Beispielhaft: »Kälber werden ohne Wasser gehalten, obwohl ich schon x-Male den Landwirt darauf hingewiesen habe.« Ein Tierarzt schreibt: »Zu häufig höre ich ›Das haben wir schon immer so gemacht‹ oder ›Der Berater hat aber das und das gesagt‹.« Eine Tierärztin beschreibt, dass manche Landwirt·innen grundsätzlich einen »laute[n], gewaltsame[n] Umgang mit Tieren« aufweisen. In einer Antwort wird »Töten von kümmernden Ferkeln durch Genickbruch, trotz Anwesenheit der Tierärztin« beschrieben, was auf einen grundsätzlich problematischen, rohen Umgang mit Tieren schließen lässt. In einer Antwort steht zu lesen: »Manchmal wäre es besser, den Tierhaltern aufgrund ihrer Haltung und Umgangsform die Haltung von Tieren zu verbieten.« Ein Teilnehmer hat hierzu auch eine These: »Weniger intelligente Landwirte bescheinigen ihren Tieren in der Regel eine geringe Intelligenz und legitimieren damit (für sich) ihre mangelhafte Fürsorge.« Dazu passend wird die »soziale Kompetenz« mancher Landwirt·innen grundsätzlich als etwas beschrieben, das »stark zu wünschen übrig (lässt).«

(b) Fehlende Expertise

Bestimmten Landwirt·innen fehlt auch die notwendige Expertise, um ihre Tiere besser zu halten: »Landwirte haben Schwierigkeiten zu erkennen, dass und ab wann sie (ihre Tiere) bereits leiden. Haben zu wenig ›Auge‹ dafür, ab wann sie leiden.« Die »Tierbeobachtung [ist] oft eher mäßig.« Sie reagieren nicht schnell genug, zum Beispiel: »Lahme Kühe werden erst nach 2-3 Tagen angeschaut vom Landwirt am Klauenstand, nicht sofort wenn es bemerkt wird.« Eine Tierärztin kritisiert hierbei auch die

> Ausbildung an den landwirtschaftlichen Fachschulen. Junge Landwirte werden sehr gut kaufmännisch, betriebswirtschaftlich und vor allem mit ›viel Ego‹ ausgestattet!! [...] Keine Ausbildung in Tierbeobachtung, Tiersignale ...

Aber nicht nur bei der Tierbeobachtung, sondern beispielsweise auch bei der Fütterung fehlt es an Skills: Es kommt zu einer »ungenaue(n) Grundfuttervorlage durch den Landwirt (wissen oft nicht genau, wieviel TS ihre Kühe fressen).« Allgemein wird das »mangelhafte Management (Klauenpflege, Hygiene etc.), aus denen Erkrankungen resultieren« kritisiert. Ein Tierarzt schreibt hierbei gar über »die grenzenlose Dummheit der Landwirte«, die er als moralisch herausfordernd empfindet.

1.3 Politik und ihre Vorgaben

Die Befragten kommen immer wieder auf die Politik und ihre Vorgaben zu sprechen. Hierbei werden unterschiedliche Dimensionen kritisiert: Es ist kaum möglich, die Vorgaben zu erfüllen; sie sind inhaltlich nicht nachvollziehbar, weil sie beispielsweise eine gute Behandlung von Tieren eher erschweren als sie fördern und negative nicht-intendierte Konsequenzen zeitigen; und schließlich wird kritisiert, dass es grundsätzlich zu einer zunehmenden Bürokratisierung kommt.

1.3.1 Vorgaben sind kaum zu erfüllen

Die »gesetzlichen Vorgaben sind schwer zu erfüllen und werden immer restriktiver.« Man kann den Job nur ergreifen, so heißt es in einer Antwort, wenn man dazu bereit ist,

> ... mit der Situation zu leben, dass man immer mit einem Fuß ›im Gefängnis‹ steht. Das heißt, man kann die gesetzlichen Vorgaben

so wie sie jetzt sind in der Praxis nicht zu 100% einhalten. Die Bürokratie ist uferlos und nicht mehr überschaubar.

[Die] korrekte Dokumentation und der Gesetzgebung in allen Punkten nachzukommen, ist bei dem Aufwand und den Vorgaben schlichtweg unmöglich, da viele Dinge bzgl. z.B. Dokumentation von Behandlungen auf Einzeltiere gemünzt sind und nicht eins zu eins auf Schweinebestände zu übertragen sind.

[Es ist] nahezu unmöglich wirklich gesetzeskonform (nach den neuesten wissenschaftlichen Erkenntnissen, nur nach Zulassung der Medikamente, vor Abgabe eines Antibiotikums) auch wirklich jedes Mastschwein/Saugferkel/Absatzferkel klinisch untersucht zu haben, usw.

Die »Anforderungen von Gesetzen und Verordnungen an die Landwirte und Nutztierpraktiker werden immer größer«, während der finanzielle Druck auf alle zunimmt. Als Konsequenz können Situationen auch emotional eskalieren:

Ich bin herausgefordert, wenn ich im Rahmen meiner Berufsausübung versuche, rechtlichen Vorgaben wie den Inhalten der TÄHAV [Verordnung über tierärztliche Hausapotheken; C.D.] nachzukommen und dabei von meinen Landwirten angeschrien werde. An solchen Tagen neige ich zu der Überlegung, die Praxis zu schließen und mir einen richtigen Job zu suchen.

1.3.2 Vorgaben sind nicht nachvollziehbar

Bestimmte Reglementierungen werden als »nicht nachvollziehbar« beschrieben. In einer Antwort heißt es hierzu allgemein: »Man versucht in erster Linie dem Tier zu helfen und dennoch wird man seitens der Behörden und Gesetzgebung immer mehr eingeschränkt.« Die Herausforderungen sind

… zurzeit nochmal verschärft durch die in Deutschland nicht ganz sinnvolle Auslegung der Blauzungen-Verordnung (Restriktionsgebiete, Untersuchungen, Impfungen die der Landwirt bezahlen muss, nicht die Tierseuchenkasse). Männliche Kälber von Milchrassen sind dadurch wieder mehr ›Abfallprodukt‹.

Moralisch herausfordernd ist es,

> ... wenn ein für die Tierart nicht zugelassenes Präparat auf Grund einer juristischen Wartezeit von 28 Tagen nicht mehr eingesetzt werden kann und viele Tiere in der verbleibenden Zeit bis zur Schlachtung verenden oder am Schlachthof verworfen werden, obwohl es für die Zieltierart nur wenige Tage hat und man auf Grund der pharmakologischen Eigenschaften weiß, dass es bei der Umwidmung zu keiner Rückstands-Problematik kommen würde.

Immer wieder lässt sich in den Antworten Kritik an der Verordnung über tierärztliche Hausapotheken (TÄHAV) finden:

> Häufig ist die Wartezeit auf Milch und Fleisch ein großes Thema, und seit der neuen Tierärztlichen Hausapotheken-Verordnung vom März 2018 herrscht bezüglich gewisser Wirkstoffgruppen viel Unsicherheit (z.B. Cephalosporine 3/4 Generation), aber aufgrund der geringen Wartezeit ist die Nachfrage gegeben. Keiner weiß wie es genau kontrolliert wird (...) Wieso kann ein Reserveantibiotikum 0 Tage Wartezeit auf Milch haben????? Vollkommen unverständlich ...

> Der Einsatz von Antibiotika mit langen Wartezeiten aus gesetzlicher Notwendigkeit (TÄHAV) und dabei die ›Nebenwirkung‹, dass Milch von guter Lebensmittelqualität ›Abfall‹ ist, von einer Kuh vielleicht nur 20-30-40l am Tag ... das sind in 5 Tagen 200l – bei 10 Patienten bereits 2t Milch! Wird einfach weggekippt. Wirtschaftlicher Schaden für den Landwirt und moralisch sicher nicht rühmlich, ein mühsam produziertes und mühsam im Körper gebildetes und dann ermolkenes Lebensmittel wegzuwerfen!

> Tiere können wegen unmöglicher Vorschriften weder behandelt noch notgeschlachtet werden. Die Vorschriften der TÄHAV zum Beispiel verhindern durch eine Bürokratie, die den Wert der Tiere

um ein mehrfaches übersteigt, einen rechtzeitigen und erfolgreichen Arzneimitteleinsatz. Das führt am Ende zu mehr Leiden und einer moralisch nicht vertretbaren Vernichtung von wertvollen Lebensmitteln. Auch steigt der Frust der Tierhalter mit all seinen negativen Folgen für das Tierwohl.

Diese Form der Kritik betrifft jedoch nicht nur die Verabreichung von Medikamenten, sondern auch etwa die Konsequenzen von Kontrollen:

> Bei Kontrollen werden Tierschutzzustände moniert, die man als Praktiker als durchaus therapiewürdig ansieht, was dazu führt, dass die Landwirte aus Angst vor Strafen Tiere zeitweise auch zu schnell erlösen.

Kritisiert werden auch die Konsequenzen der Vorgaben zur Tierkörperbeseitigung:

> In der Vergangenheit wurden die Subventionen für die Tierkörperbeseitigung eingestellt, so dass die Entsorgung eines eingeschläferten Rindes für den Landwirt sehr viel teurer geworden ist. Dies hat zur Folge, dass die Landwirte kranke Tiere ohne Aussicht auf Heilung so gut wie nicht mehr einschläfern lassen. Einschläfern war bis dahin ja eh schon die teure Variante. Deutlich günstiger ist da Bolzenschuss und Entbluten, was bei uns immer Chefsache ist und was ich mir auch nicht fachgerecht zutraue. Außerdem dauert es jetzt viel länger, dass Landwirte sich entscheiden, ein Tier töten und entsorgen zu lassen. Zunächst wird oft unnötig lange abgewartet und auf ›Wunderheilung‹ gehofft oder noch versucht, das Tier zur Schlachtung zu geben.

Auch Kupier- und Kastrationsverbote, so eine Teilnehmerin, werden Konsequenzen zeitigen, die sie ablehnt: Es geschieht …

> … politscher Nonsens was Kupier- und Kastrationsverbote angeht – es werden noch mehr kleine Betriebe aufhören und die Tierverluste werden nicht geringer, wenn man Präventionsmaßnahmen wie Kastrieren und Kupieren verbietet oder diese mit bürokrati-

schem Aufwand reglementiert, was jetzt schon absehbar zu keiner Verbesserung des Auftretens von Kannibalismus führen wird ... im Gegenteil.

1.3.3 Zunehmende Bürokratisierung

Die Tierärzt·innen kritisieren nicht nur, dass die Vorgaben nicht adäquat sind – sie kritisieren ebenso eine grundsätzliche zunehmende Bürokratisierung, die nicht zuletzt auf Kosten der Tiere geht. Herausfordernd ist der »unendliche Bürokratismus«:

> [Durch] die zunehmende Bürokratisierung und nicht nachvollziehbaren Reglementierungen stoße ich häufig an Grenzen bei der dem Tier zustehenden Therapie und kann keine adäquate Gute Veterinärmedizinische Praxis ausüben.

> Mir fällt es in den letzten Jahren immer schwerer, die überschießende Bürokratie zu bewältigen. Heutzutage ist die Nummer des Patienten wichtiger als das Tier selbst.

Die Politik, die diese Menge an Vorgaben erlässt, wird von einem Teilnehmer als »hyperaktiv« und »misstrauisch« beschrieben, als eine Politik, »die aus lauter Hilflosigkeit Aufzeichnungs- und Dokumentationspflichten als Repressionsinstrument nutzt.« Dieser Politik wird vorgeworfen, dass für sie »Dokumentationspflichten (...) vor dem Tierschutz und der Tiergesundheit (stehen).«

1.4 Gesellschaft

Die Befragten kommen auf eine »Gruppe« zu sprechen, die die moralischen Herausforderungen ihres Berufsfeldes prägt und dabei – trotz der Vagheit dieses Begriffs – als »Gesellschaft« beschrieben werden kann. Eine Tierärztin beschreibt es beispielhaft als moralisch herausfordernd, dass »gesellschaftlicher Druck auf das Berufsfeld« einwirkt. Wie wird diese »Gesellschaft« näher beschrieben? Sie ist der Nutztierhaltung entfremdet, hat einen geringen Wissensstand über die Nutztierhaltung, hat hohe, teilweise überkritische Ansprüche und ist dabei zugleich nicht bereit, mehr Geld für Nahrungsmittel auszugeben.

1.4.1 Entfremdete, unwissende, überkritische und scheinheilige Gesellschaft

Die Gesellschaft wird als der Nutztierhaltung »zunehmend entfremdet« beschrieben. Sie hat »nahezu keinen Bezug zur Tierhaltung« mehr. Ein Tierarzt spricht hierbei von »Parallelwelten«, die zwischen der »Landwirtschaft und allen mit der Landwirtschaft Arbeitenden« und dem Rest der Gesellschaft existieren. Die Befragten diagnostizieren darüber hinaus eine »Unwissenheit der Bürger« über Fragen der Nutztierhaltung. Es existiert ein »mangelndes Verständnis der Gesellschaft für Arbeit in und mit der Landwirtschaft.« Die »Öffentlichkeit diskutiert über Themen wie Tierhaltung in der Landwirtschaft, von denen sie nicht die geringste Ahnung hat.« Ein Argument, das im Folgenden noch Erwähnung findet, kann bereits hier genannt werden: Die Nutztierhaltung hat sich aus Sicht mancher Tierärzt·innen in den letzten Jahrzehnten entscheidend verbessert, aber die Gesellschaft erkennt dies nicht an oder weiß nicht um diesen Prozess. In einer Antwort heißt es hierzu pointiert: »… das allgemeine Wissen über unsere Tätigkeiten (bleibt) in den 1990 Jahren verhaftet. (Antibiotikamissbrauch, willfährige Helfer der Mast/Schlacht Industrie).« In einer Antwort steht hierzu zu lesen:

> In meinen 33 Jahren als Praktiker, dazu 20 Jahre Erfahrung als Bauernsohn, hat sich die Qualität der Rinder- und Schweinehaltung (von Geflügel habe ich keine Ahnung) immer mehr verbessert. Die öffentliche Wahrnehmung hingegen geht genau in die andere Richtung.

Die Befragten beschreiben die Gesellschaft auch als überkritisch; sie hat zu viele und zu hohe Ansprüche und prangert die Landwirtschaft und alle Berufe, die in ihr arbeiten, entsprechend an. Moralisch herausfordernd ist demnach der »Anspruch der Gesellschaft an unsere Tätigkeit, ohne dass die positiven Entwicklungen der letzten 20 Jahre gesehen werden …«. Die »verbreitete öffentliche Wahrnehmung von

Landwirtschaft als gewissenlose Geschäftemacherei«, so eine Antwort, führt dazu, dass »man gelegentlich massivem inneren wie äußeren Druck ausgesetzt« ist. Als wesentlicher Teil bzw. Treiber dieser überkritischen Gesellschaft werden die Medien genannt: Eine Tierärztin spricht von einem »medial stattfindenden Anprangern« der Landwirtschaft, das auch Konsequenzen für die Tierärzt·innen hat, »weil sich dies auch in ihrem Auftreten [Auftreten der Landwirt·innen; C.D.] mir/uns gegenüber widerspiegelt und daher auch mit zur Frustration in unserem Berufsstand beiträgt.« Die Kritik an der Landwirtschaft, so ein Teilnehmer, »geschieht vor allem durch die permanente Wiederholung griffiger Halbwahrheiten mit entsprechendem Filmmaterial.« Eine Nutztierpraktikerin schreibt in diesem Kontext:

> Ich möchte keine pauschale Generalabsolution für die Landwirtschaft. Aber ich vermisse das Bemühen um eine ehrliche, neutrale, emotionsarme Analyse, die alle Komponenten einbezieht. Ich sage den Landwirten immer, dass wir alle nicht aufhören dürfen, laut unsere Meinung kundzutun, weil Stillschweigen als Zustimmung interpretiert wird. Es gibt – wie in jedem Beruf – schlechte Qualitäten, so auch schlechte Landwirte. Diese werden aber immer weniger, auch weil sie wirtschaftlich nicht mehr über die Runden kommen. Trotzdem reißen die Berichte über ›schlechte‹ Tierhaltungen nicht ab. Dabei gibt es nur einen Berufstand, der sich qua Ausbildung und alltägliches Tun mit der Qualität der Tierhaltung auskennt: der Tierarzt! Er ist auch der einzige, der alle Ställe betritt. Aber ausgerechnet der Tierarzt wird nicht nach seiner Meinung gefragt.

Nicht alle Berufsangehörige werden von dieser überkritischen Gesellschaft gleichermaßen kritisiert, so die These in einer Antwort, vielmehr gilt: »Landwirte und Tierärzte, die nicht auf der Grünen Welle/ Homöopathie mitschwimmen, werden nahezu geächtet und kriminalisiert.« Schließlich wird mit Bezug auf die Gesellschaft nicht nur die Rolle als Bürger·in, sondern auch die Rolle als Konsument·in thematisiert. In einer Antwort wird hierbei beispielsweise eine »Doppelmoral« identifiziert: »Billige Lebensmittel und hohe Anforderungen an Tierschutz lassen sich nicht vereinbaren ...« Kritisiert wird vor allem mit Blick auf die hohen Ansprüche, dass die Gesellschaft nicht bereit ist, mehr Geld für Lebensmittel auszugeben. Ein Teilnehmer fragt: »Sind wir wirklich so teuer oder wird unser Lebensmittel nur schlecht bezahlt und damit unsere Arbeit?«

1.5 Kollegium, Vorgesetzte, Angestellte und Konkurrenz

Gefragt nach moralischen Herausforderungen, kommen die Teilnehmer·innen auch auf den Umgang mit anderen Tierärzt·innen zu sprechen, und zwar in verschiedenen Rollen: Als Kolleg·innen (in derselben Praxis), als Vorgesetzte, als Angestellte, aber auch als Konkurrenz. In einer Antwort wird beispielsweise die Kolleg·innenschaft mit den Worten kritisiert:

> Leider gibt es immer noch sehr viele gleichgültige Kollegen, die lieber Medikamente verkaufen als sich die Tiere anzusehen. Daher muss man aufpassen, nicht in die Ecke ›hysterische Gans‹ gesteckt zu werden.

> Es gibt welche, die sehr aktiv für den Tierschutz kämpfen. Aber hinter uns steht immer einer, der still ist, billiger ist und das Geld gerne nimmt ...

Eine Tierärztin übt Kritik an ihrem Vorgesetzten, der ihres Erachtens zu oft wie folgt argumentiert:

> Das haben wir immer schon so gemacht, das machen wir jetzt auch so. Hat noch nie geschadet. [Das] kann vom älteren Chef kommen …

Ein Teilnehmer schreibt mit Bezug auf den eigenen Vorgesetzten:

> Man will die Betriebe voranbringen, sieht natürlich auch mal tierschutzrelevante Dinge, aber wenn man zu laut und zu oft meckert, ist man gekündigt.

Eine Tierärztin beschreibt als eine Herausforderung »ungerechtes Verhalten gegenüber den Frauen im Betrieb (ich bin nun mal ein wenig feministisch angehaucht).« Vorgesetzte sehen den »Umgang mit Angestellten« mitunter als herausfordernd. Ein Tierarzt ortet »fehlende Unterstützung von Kollegen und der Tierärztekammer.« Schließlich kommen die Befragten auch auf die Konkurrenz unter den Praxen zu sprechen: »Auch das Verhältnis Einkommen Groß- und Kleintierpraxis passt nicht. Warum kann ein Kleintierpraktiker keinen Nutztierdienst mitmachen. Umgekehrt müssen wir dies auch.« In einer Antwort wird auch die »Konkurrenz zwischen den GroßtierpraktikerInnen« als herausfordernd genannt.

1.6 Veterinäramt

Ein weiterer Akteur, der zu moralischen Herausforderungen beitragen kann, ist laut Antworten das Veterinäramt. Eine Tierärztin schreibt allgemein: »Häufig gestaltet sich [die] Zusammenarbeit mit den Veterinärämtern auch durchaus schwierig und wenig zielführend. Das ist frustrierend.« Eine zentrale Schwierigkeit in der Kommunikation mit dem Amt ist die fehlende Anonymität: Meldet man dem Amt einen Missstand auf einem Bauernhof, muss man davon ausgehen, dass die Betroffenen wissen bzw. erfahren, *wer* dem Amt diese Meldung gemacht hat. In einer Antwort heißt es hierzu:

> Diese oder andere Tierschutzvergehen zu melden ist jedoch schwierig, da eine Anonymität der Meldung in der Regel nicht gewährleistet werden kann.

Diese fehlende Anonymität ist besonders mit Blick auf das Geschäftsmodell relevant:

> Außerdem ist es fast nicht möglich, eigene Kunden beim Veterinäramt anzuzeigen, da es den Ruin der Praxis bedeuten würde, wenn die Kundschaft dies erfahren würde.

Eine derartige Meldung kann aber nicht nur für die eigene Praxis, sondern auch für die Tiere negative Konsequenzen haben: Einen Missstand zu melden,

> ... schwächt (...) das Vertrauensverhältnis zum Tierarzt, was dazu führen kann, dass letztendlich keiner mehr in den Stall kommt und die Situation für die Tiere nur noch verschlechtert wird.

> Ich versuche auf Missstände hinzuweisen (...) zum Wohl des Tieres (...) muss aber immer beachten, dass ich den Landwirt nicht verärgern möchte, da es kontraproduktiv wäre, wenn das Gespräch dazu führt, dass er mir in Zukunft nicht mehr von seinen Problemen/Prozeduren erzählt.

Es ist nicht klar, inwieweit in diesen Antworten argumentiert wird, dass das Amt anders mit den genannten Schwierigkeiten umgehen könnte, oder ob die beschriebenen Probleme strukturell bedingt sind. Zugleich klingt die Frage, wie sie in einer Antwort gestellt wird, nämlich: »Warum können besondere Angelegenheiten im Veterinäramt nicht ›vertraulich‹ angezeigt werden?«, als würden manche Befragte hier durchaus systemische Verbesserungsnotwendigkeiten sehen.

Mit Blick auf Kontrollen durch das Amt wird nicht nur kritisiert, dass hierbei teilweise »unwesentliche Kleinigkeiten (bemängelt)« werden, sondern auch, dass Meldungen ans Amt manchmal nicht die erhofften Konsequenzen zeitigen, sondern: keine. Sagt man »dem Amt mal durch die Blume, wo Handlungsbedarf bestünde, spielen sie die Affen: Nichts sehen, hören, sagen.« Besonders angemeldete Kontrollen bringen keine Verbesserungen: Kontrollen erfolgen »in aller Regel angemeldet, sodass den Tierbesitzern genügend Zeit bleibt, Mängel zu beseitigen.«

1.7 Der Tierarzt, die Tierärztin – Selbstverständnisse einer Profession

Die Befragten kommen schließlich nicht nur auf andere Akteur·innen zu sprechen, sondern auch auf sich selbst. Hierbei werden unterschiedliche Rollen und Selbstverständnisse ans Licht gebracht.

1.7.1 Anwält·innen der Tiere

Die Befragten beschreiben sich selbst als Anwält·innen der Tiere: »Ich sehe mich bei meiner Arbeit eher als Anwalt der Tiere und das erkläre ich den Landwirten dann auch genauso.« Das »Selbstverständnis als berufener Schützer der Tiere« wird angesprochen. Das bedeutet: »Man versucht in erster Linie dem Tier zu helfen.« Eine zentrale Aufgabe hierbei ist

> ... das sehr deutliche Ansprechen von Missständen. Ich versuche auf Missstände hinzuweisen, um sie zum Wohl des Tieres, vielleicht sogar zur Verbesserung der Gesundheit der Tiere, zu verbessern ...

1.7.2 Unternehmer·in

Die Befragten beschreiben sich aber auch als Unternehmer·innen und sprechen hierbei über die damit einhergehenden wirtschaftlichen Notwendigkeiten: Man hat Kund·innen, die man nicht verlieren will bzw. nicht verlieren darf. Entsprechend schwierig sind bestimmte Entscheidungen zu treffen:

> Was tun bei offensichtlichen Tierschutzverstößen? Landwirt ist Kunde, kann ich den Kunden anzeigen?

> Häufig findet man in Betrieben, die man besucht, sehr schlechte und oft tierschutzrelevante Haltungsbedingungen vor, die man eigentlich der zuständigen Veterinärbehörde melden müsste. Wenn man dieses aber offiziell tut, hat man schnell den Ruf des Denunzianten und verliert Kunden, die man wirtschaftlich dennoch braucht.

> Es ist ein Spagat zwischen Tierschutz, dem Kunden und dem Verlangen, es [einen tierschutzrelevanten Aspekt] dennoch zur Anzeige zu bringen.

> [Da gibt es] tierschutzrelevante Situationen über die man hinwegsieht, Anwendung von fragwürdigen Therapeutika und Behandlungsstrategien aus Wettbewerbsgründen (...), weil man in gewisser Weise dem Kunden ›gefallen‹ muss ...

Ein Teilnehmer beschreibt diese Situation als »Abhängigkeit vom Kunden«, eine weitere Antwort spricht von einer gewissen »Ohnmacht, nichts dagegen machen zu können, weil man es sich nicht leisten kann, den Kunden zu verlieren.« Ist man zu kritisch, »spricht sich [das] auch rum«; man wird dann als »Petze« gesehen.

Die Notwendigkeit unternehmerischen Denkens wird aber auch anhand anderer Beispiele ersichtlich, so schreibt eine Tierärztin über den Umgang mit Medikamenten: Herausfordernd ist die

> ... Anwendung und Umwidmung von Medikamenten im Notdienst: Im ländlichen Raum hat man schnell mal ein Schaf, eine Ziege, etc. und nicht immer für alle Diagnosen das passende Medikament im Schrank. Helfen will und muss man, aber wirtschaftlich kann ich nicht ständig unverbrauchte Medikamente wegschmeißen und alles Mögliche lagern, geht schon gar nicht.

1.7.3 Sozialarbeiter·in

Die Befragten beschreiben sich selbst auch als »Sozialarbeiter·innen«. Gemeint ist damit, dass sie – ob sie es wollen oder nicht – mit etwaigen sozialen Problemen von Tierhalter·innen konfrontiert werden. Wie bereits oben angesprochen wird von »verwahrlosten, überforderten Landwirten« berichtet; man wird »vor die menschlichen Probleme des Landwirts und seiner Familie gestellt.« In einer Antwort heißt es hierzu:

> [In] seltenen Fällen hat man es mit menschlichen Problemen zu tun: Generationskonflikte, Scheidungen, finanzielle Probleme und dann leiden auch die Tiere im Bestand.

Es wird geschildert, dass manche Landwirt·innen »selbst nicht besser wohnen als ihre Tiere«, und zwar

> ... in völlig verdreckten Häusern, dazu [existieren] häufig noch familiäre oder sonstige Probleme. Bei manchen ist der Tierarzt der einzige Mensch, der von außen reinkommt – dementsprechend werden ihm auch viele Probleme erzählt (ob er will oder nicht).

Eine Teilnehmerin schreibt hierbei, dass sie sich in dieser Konstellation oft dem Menschen verpflichtet fühlt: »Ich sehe mich dann auch in erster Linie in der Verantwortung, dem Menschen zu helfen und nicht dem Tier.«

1.7.4 Teil der Landwirtschaft

Die Befragten beschreiben sich nicht nur als Veterinärmediziner·innen, sondern an manchen Stellen auch explizit als Angehörige eines Berufs, der in der Nahrungsmittelproduktion agiert und damit ein Teil der Landwirtschaft ist. In einer Antwort heißt es etwa: »Ich (...) sehe mich (...) als jemand, der für Lebensmittelsicherheit und für die Versorgung der Menschen arbeitet.« Eine derartige Verortung im Bereich der Landwirtschaft wird oft als »Verbrüderung« geschildert: Die Tierärzt·innen stellen sich auf Seiten der Landwirtschaft und verteidigen sie. Wie bereits zitiert heißt es in einer Antwort hierfür beispielhaft:

> In meinen 33 Jahren als Praktiker, dazu 20 Jahre Erfahrung als Bauernsohn, hat sich die Qualität der Rinder- und Schweinehaltung (von Geflügel habe ich keine Ahnung) immer mehr verbessert. Die öffentliche Wahrnehmung hingegen geht genau in die andere Richtung. Das geschieht vor allem durch die permanente Wiederholung griffiger Halbwahrheiten mit entsprechendem Filmmaterial. Als größte moralische Herausforderung sehe [ich], die Landwirte vor diesen Angriffen zu schützen. Das kostet viel

> Kraft und Ausdauer, die mir langsam abhandenkommt. [...] Ich sage den Landwirten immer, dass wir alle nicht aufhören dürfen, laut unsere Meinung kundzutun, weil Stillschweigen als Zustimmung interpretiert wird.

Das hier genannte »Wir« mit Blick auf Landwirtschaft und Nahrungsmittelproduktion ist nicht untypisch. Die genannte Perspektive ist jedoch nicht die einzige. Andere Befragte beschreiben ihre Rolle als Teil der Landwirtschaft durchaus (selbst)kritisch, indem sie etwa festhalten: »Man ist Teil einer fragwürdigen Tierindustrie.« Oder auch: Moralisch herausfordernd ist die »Beteiligung am ›Wahnsinn‹ der Pharmaindustrie (Antibiotika und Insektizide/Antiparasitika) weil Alternativen weder gesucht noch gefördert werden.« Auch im späteren Verlauf der Studie – etwa bei den Wünschen an die Standesvertretung oder auch in der Diskussion des zweiten Teils – zeigen sich beide Dynamiken: Identifizierung *mit* und Abgrenzung *von* der Landwirtschaft.

1.7.5 Im Kreis des Kollegiums

Wie bereits oben geschildert, kommen die Befragten auch auf ihre Rolle innerhalb der Kollegen:innenschaft zu sprechen. Sie sind eben nicht alleine Tierärztin oder Tierarzt, sondern eventuell auch Angestellte oder Vorgesetzte, mit Sicherheit aber hat man Kolleg·innen, mit denen man interagiert und/oder in Konkurrenz steht.

1.7.6 Privatperson

Schließlich beziehen sich die Befragten an bestimmten Stellen ihrer Antworten auch auf sich als Privatperson, die eigene moralische Überzeugungen mit sich bringt, welche möglicherweise im Widerspruch zu den finanziellen Möglichkeiten, den Vorgaben der Vorgesetzten oder auch zu rechtlichen Regulierungen stehen. Dies zeigt sich u.a. in Formulierungen wie »Ich würde das Tier intensiver behandeln ...« oder »Dennoch finde ich es sehr schwierig, einen Kaiserschnitt nicht auszuführen ...« Es zeigt sich aber auch in der Bezugnahme auf die eigene Work-Life-Balance; so beschreibt eine Teilnehmerin die Herausforderung des Berufs mit den Worten: Die »eigene Gesundheit und Leistungsfähigkeit im Konflikt mit Forderung der Kunden und Kammern 24/7.« Ein Tierarzt kommt hierbei auch auf die eigenen Grenzen zu sprechen:

> Durch meine eigene Überarbeitung kam schon das ein oder andere Mal der Gedanke auf, bei mehreren Therapiemöglichkeiten diese zu wählen, die nicht unbedingt am besten für das Tier ist, aber die, bei gleichen Erfolgschancen, einfach schneller geht.

2 Typische moralische Herausforderungen

Die typischen moralischen Herausforderungen des Berufsfeldes wurden nicht nur anhand von offenen, sondern auch geschlossenen Fragestellungen erhoben: Wie beschreiben die Befragten die essenziellen moralischen Konflikte ihres Alltags und wie oft sind sie mit Herausforderungen dieser Art konfrontiert?

2.1 Häufigkeit der moralischen Herausforderungen

Danach gefragt, wie oft sie in ihrem Beruf mit Situationen zu tun haben, die sie als moralisch herausfordernd empfinden, antworten die Tierärzt·innen wie folgt (vgl. Tabelle 1; n=112). Es zeigt sich, dass sich die meisten Teilnehmer·innen durchaus mit solchen Herausforderungen konfrontiert sehen.

	Nie	Selten	Gelegentlich	Oft	Andauernd
S (Statement) 1: Wie oft sind Sie in Ihrem Beruf mit Situationen konfrontiert, die Sie als moralisch herausfordernd empfinden?	5%	18,75%	15%	18,75%	30%

Tabelle 1: Häufigkeit der moralischen Herausforderungen

2.2 Typen moralischer Herausforderungen

Die Tierärzt·innen wurden gebeten, die moralischen Herausforderungen ihres Berufs auch auf Basis vorgegebener Statements näher zu beschreiben. Die konkrete Aufgabenstellung lautete: »Inwieweit beschreiben folgende fünf Aussagen die moralischen Herausforderungen in Ihrem Beruf? Bitte geben Sie jeweils den Grad Ihrer Zustimmung/Ablehnung an.« Der philosophiegeschichtliche Hintergrund zu den idealtypischen einzelnen Statements wird im Diskussionsteil

	(1) Ich stimme voll und ganz zu	(2) Ich stimme zu	(3) Ich stimme eher zu	(4) Ich stimme eher nicht zu	(5) Ich stimme nicht zu	(6) Ich stimme überhaupt nicht zu	
S1: Ich war mir nicht sicher, was das moralisch Richtige in dieser Situation ist.	5%	18,75%	15%	18,7%	30%	12,5%	Ø: 3,88 SD ± 1,47
S2: Ich war mir sicher, was das moralisch Richtige ist, konnte es aber nicht oder nur bedingt umsetzen.	20%	43,75%	20%	8,75%	1,25%	6,25%	Ø: 2,46 SD ± 1,29
S3: Meine persönlichen moralischen Überzeugungen widersprachen den gesetzlichen Vorgaben.	15%	36,25%	22,5%	8,75%	15%	2,5%	Ø: 2,80 SD ± 1,36
S4: Egal, wie ich entschied … immer sprachen gewichtige, moralische Gründe *gegen* diese Entscheidung.	1,27%	18,99%	12,66%	29,11%	26,58%	11,39%	Ø: 2,95 SD ± 1,32
S5: Ich wusste, was moralisch richtig gewesen wäre, die Umsetzung hätte allerdings einen erheblichen Mehraufwand für mich bedeutet.	5,06%	17,72%	10,13%	27,85%	16,46%	22,78%	Ø: 4,01 SD ± 1,54

Tabelle 2: Typen moralischer Herausforderungen

näher erläutert. An dieser Stelle sei vorweg bemerkt, dass die fünf vorgegebenen Statements vier unterschiedliche Typen einer moralischen Herausforderung abbilden. Die Antworten zeigen, dass diese Typen durchaus unterschiedlich relevant aus Sicht der Befragten sind, sprich: Mancher Typus ist zentral, ein anderer spielt keine essenzielle Rolle im Berufsalltag. Das Statement (5) beispielweise, das eine Situation beschreibt, in der jemand weiß, was moralisch richtig wäre, es aber aus einer Art »Bequemlichkeit« heraus nicht tut, kommt auf eine geringere Zustimmungsrate als Statement (2), das eine Situation charakterisiert, in der jemand durchaus gewillt ist, das moralisch Richtige zu tun, daran aber (teilweise) scheitert (vgl. Tabelle 2, S. 46, n=81).

	(1) Ich stimme voll und ganz zu	(2) Ich stimme zu	(3) Ich stimme eher zu	(4) Ich stimme eher nicht zu	(5) Ich stimme nicht zu	(6) Ich stimme überhaupt nicht zu	
S1: Ich würde mich gerne intensiver mit jemandem über die moralischen Probleme meines Berufs austauschen.	10,13%	24,05%	30,38%	17,72%	12,66%	5,06%	Ø: 3,14 SD ± 1,34
S2: Als Nutztierpraktiker·in sind meine moralischen Herausforderungen noch größer als jene von Kleintiermediziner·innen.	21,52%	31,65%	16,46%	13,92%	10,13%	6,33%	Ø: 2,78 SD ± 1,51
S3: Die moralischen Debatten rund um die Nutztierhaltung empfinde ich als etwas, das mich stresst.	13,92%	30,38%	29,11%	8,86%	12,66%	5,06%	Ø: 2,91 SD ± 1,39
S4: In der gesellschaftlichen moralischen Debatte über die Nutztierhaltung mitzudiskutieren macht mir Spaß.	12,66%	24,05%	20,25%	32,91%	5,06%	5,06%	Ø: 3,09 SD ± 1,32
S5: Mein Studium hat mich auf die gesellschaftlichen Debatten rund um die Nutztierhaltung *nicht* gut vorbereitet.	35,44%	34,18%	7,59%	10,13%	6,33%	6,33%	Ø: 2,37 SD ± 1,52

Tabelle 3: Die gesellschaftliche Kontroverse rund um die Nutztierhaltung

2.3 Die gesellschaftliche Debatte rund um die Nutztierhaltung

Darüber hinaus wurden die Befragten mit grundsätzlichen Aussagen zu den moralischen Herausforderungen ihres Berufs konfrontiert, nicht zuletzt mit Blick auf die gesellschaftliche Kontroverse rund um die Nutztierhaltung (vgl. Tabelle 3, S. 47, n=79).

2.4 Austausch über moralische Herausforderungen

Danach gefragt, wie oft sie sich mit jemandem über die moralischen Herausforderungen ihres Berufs austauschen, antworten die Tierärzt·innen wie folgt (vgl. Tabelle 4, n=79).

	Nie	**Selten**	**Gelegentlich**	**Oft**	**Andauernd**
S1: Wie oft sprechen Sie mit jemandem über die moralischen Herausforderungen Ihres Berufs?	5%	18,75%	15%	18,75%	30%

Tabelle 4: Häufigkeit des Austausches über die moralischen Herausforderungen

Hierbei hatten die Befragten auch die Möglichkeit, eine offene Frage zu beantworten, und zwar: »Mit wem würden Sie am liebsten über die moralischen Probleme Ihres Berufs sprechen?« (n=42). Die Antworten zeigen, dass die Motive hier zweigeteilt sind: (a) Einerseits erhofft man sich durch einen derartigen Austausch Unterstützung, (b) andererseits soll ein Austausch andere Personen »wachrütteln«.

Am häufigsten werden in diesem Kontext Kolleg·innen (52%) genannt.[4] So ist auf die Frage, mit wem man am liebsten über die moralischen Herausforderungen spricht, zu lesen: »Mit Kollegen, die in

[4] Die Prozentangabe hier wie auch in folgenden Kapiteln bezieht sich stets auf die Anzahl jener Teilnehmer·innen, die diese ausgewählte Frage beantwortet haben, *nicht* auf die Grundgesamtheit aller Tierärzt·innen, die an der Studie teilgenommen haben.

der gleichen Situation sind! Für Außenstehende ist manches schwer nachzuvollziehen (gerade wenn es um Anzeigen von Tierschutzverstößen geht ...).« Oder auch: »Im Team sprechen wir häufig darüber. Wer nicht in diesem Sektor arbeitet, versteht die Problematik sowieso nicht.« Diese Zitate können dem ersten Motiv zugeordnet werden, es zeigt sich hierbei aber auch das zweitgenannte, so schreibt eine Teilnehmerin: Ich würde über die moralischen Probleme des Berufs gerne »mit Kollegen [sprechen], die meiner Meinung [nach] diese moralischen Überlegungen nie anstellen.« In einer anderen Antwort heißt es: Würde ich mich gerne …

> … mit Kollegen [austauschen]? Auch sehr unterschiedlich. Es gibt welche, die sehr aktiv für den Tierschutz kämpfen. Aber hinter uns steht immer einer, der still ist, billiger ist und das Geld gerne nimmt.

Am zweithäufigsten wünschen die Befragten eine Aussprache mit »der Politik« (40%). Hier steht eher das Motiv des Wachrüttelns im Fokus, so heißt es: Ich möchte mit den »Verantwortlichen aus der Politik [sprechen], insbesondere auch EU-Ebene (Agrarförderungen)«, mit jenen »Menschen, die die Gesetze gemacht haben«, mit »Personen, die Entscheidungsgewalt haben, etwas zu verändern«.

> [Politiker·innen] sollten sich die Medizinermeinung inklusive moralischer Belastung und dem Druck der Einhaltung des Tierschutzgesetzes häufiger anhören.

> [Ich würde gerne mit] Politiker[n] [sprechen], die offensichtlich völlig die Bodenhaftung verloren haben, wenn es um die Einhaltung des Tierschutzgesetzes und damit auch der deutschen Verfassung geht.

> [Ich würde gerne] mit kompetenten Politikern [sprechen], die es offensichtlich nicht mehr gibt.

Als weitere Wunschpartner für einen Austausch werden »Landwirt·innen« (24%) genannt. Auch hier tauchen wieder beide Motive auf. Man möchte mit Landwirt·innen in einen Austausch treten, da diese die Probleme verstehen, während »allen anderen der Zugang fehlt«; zugleich will man sie auch »wachrütteln« und mit ihnen reden, da sie »was ändern können«.

3 Zusammenfassung und Diskussion: Ein zu enges Feld?

Die Studienergebnisse zeigen: Tierärzt·innen im Bereich Nutztierhaltung beschreiben ihren Beruf durchaus im Konsens mit der Forschungsliteratur als moralisch herausfordernd. Nur 5% der Befragten geben an, nie mit moralisch herausfordernden Situationen konfrontiert zu sein; etwa die Hälfte spricht hingegen sogar von »oft« bzw. »andauernd«. Im Fokus dieser Herausforderungen stehen dabei die Tiere, mit denen die Tierärzt·innen zu tun haben. Die belastenden Situationen, die damit einhergehen, vermögen die Befragten eindrücklich, teilweise gar drastisch zu schildern. Wie aber sind die moralischen Herausforderungen des Berufes näher zu verstehen? Dieses Kapitel greift zentrale Ergebnisse auf und erarbeitet zusammenfassende Interpretationen wie weiterführende Thesen und Fragen. Hierbei zeigt sich immer wieder, dass die Nutztierpraktiker·innen ihren Handlungsspielraum als stark limitiert empfinden.

3.1 Vier moralische Konflikttypen von unterschiedlicher Relevanz

In der Literatur werden moralische Herausforderungen oder moralische Konflikte oft nicht näher ausdifferenziert bzw. schlicht als »Ethisches Dilemma« beschrieben. Aber nicht jeder moralische Konflikt ist eine Dilemmasituation. Das vorliegende Buch schlägt daher vor, im Rückgriff auf die Philosophiegeschichte mindestens zwischen vier verschiedenen, idealtypischen[5] moralischen Konflikten mit entsprechenden Leitfragen zu unterscheiden. Die Ergebnisse der Studie zei-

---

[5] Bei derartigen Abstraktionen werden wesentliche inhaltsprägende Aspekte überhöht, um Modelle zu erarbeiten, die die Komplexität der Empirie ordnen und heuristisch erschließen. Idealtypen bringen demnach auf den Punkt, was in Realtypen tendenziell angelegt ist. Gill spricht hierbei von der Funktion von Idealtypen, »die gefundenen Realtypen (…) in die theoretische Diskussion perspektivisch einzubinden, damit sie sich nicht zusammenhangslos im empiristischen Dickicht verlieren.« (Gill 2006, 35)

gen hierbei, dass eine solche Differenzierung sinnvoll ist, unterscheiden die Tierärzt·innen doch auch selbst zwischen diesen Typen, wenn sie angeben, wie essenziell diese für ihren Berufsalltag sind.

3.1.1 Der zentrale Konflikt: Äußere Hindernisse vs. moralische Überzeugungen

Die Studie legt nahe, dass der essenzielle moralische Konflikt aus Sicht von Nutztierpraktiker:innen eine Situation ist, in der sie davon überzeugt sind, durchaus zu wissen, was das moralisch Richtige ist, aber spezifische äußere Hindernisse sie davon abhalten, ihre Überzeugungen umsetzen zu können. Diese Diagnose ist sowohl mit Blick auf die offenen Fragen wie auch auf die Zustimmungsraten zu den geschlossenen Statements (vgl. Tabelle 2, S. 46) erlaubt. Die ethische Kernfrage ist für Nutztierpraktiker·innen demnach nicht die Kant'sche Frage »Was soll ich tun?«, es ist vielmehr eine Aussage, die sich wie folgt fassen lässt: »Aus persönlicher moralischer Überzeugung würde ich gerne anders handeln – aber ich werde daran gehindert. Wie soll ich damit umgehen?«

Im Fokus dieses Konflikts stehen hierbei die Tiere: Die Tierärzt·innen treffen auf Tiere, mit deren Situation sie unzufrieden sind bzw. denen sie gerne helfen würden. Nun könnte man einwenden: »Das ist doch eine, wenn nicht *die* Kernaufgabe der veterinärmedizinischen Tätigkeit. Man therapiert Tiere, die therapiebedürftig sind.« Moralisch herausfordernd wird diese Situation jedoch dadurch, dass die Tierärzt·innen das Gefühl haben, den Tieren eben nicht adäquat helfen zu können, da äußere Hindernisse sie davon abhalten. Allgemein kann festgehalten werden: Aus Sicht der Tierärzt·innen ist ihr Handlungsspielraum im Bereich der Nutztierhaltung – in Abwandlung des berühmten Satzes im Roman »Effie Briest« – »ein zu enges Feld«. Das entscheidende – jedoch nicht das einzige – äußere Hindernis ist der geringe finanzielle Spielraum auf Seiten der Tierhalter·innen. Dieser geringe Spielraum schränkt die veterinärmedizinischen Handlungsmöglichkeiten entscheidend ein. Der Konflikt »Tierschutz« vs. »Wirtschaftlichkeit der Nutztierhaltung« ist demnach die essenzielle Hintergrundfolie der Profession. Therapieentscheidungen können nicht alleine mit Blick auf das Tier getroffen werden, sondern sind geprägt durch ökonomische Abwägungen und Zwänge – und zwar in einem Ausmaß, dass die Frage gestellt wird: »Bin ich eigentlich Tierarzt – oder doch Ökonom?«

3.1.2 Pflicht vs. Neigung: Anwält·innen der Tiere vs. Unternehmer·innen

Ein Konflikttyp, der eine geringere Rolle in den Antworten einnimmt, aber durchaus auch auftaucht, ist ein Konflikt, den man in der Tradition Immanuel Kants »Pflicht vs. Neigung« (Kant, Grundlegung zur Metaphysik der Sitten, 396ff.) nennen kann. In solch einer Situation weiß eine Person zwar, was aus moralischen Gründen zu tun wäre (= Pflicht), aber eine Entscheidung gegen dieses moralisch Richtige zeitigt eigene Vorteile (= Neigung). Als Leitfrage dieses Konflikttyps kann genannt werden: »Ich weiß, was moralisch richtig ist, könnte es auch tun – aber eine andere Handlung ist besser für mich. Tu ich's (trotzdem)?«

In den Antworten zu den offenen Fragen lässt sich dieser Konflikttyp durchaus identifizieren, und zwar vor allem als Rollenkonflikt: Als Anwält·innen der Tiere möchten die Befragten Tieren helfen, etwa, indem man die Landwirt·innen kritisiert und bestimmte Forderungen an sie richtet, zugleich darf man die Kritisierten nicht als Klient·innen verlieren. Die Befragten beschreiben dies wiederholt als einen Balanceakt: Handelt man nach den eigenen moralischen Überzeugungen, schadet man sich eventuell ökonomisch. Wenngleich dieser Konflikttyp in den Antworten zu den offenen Fragen identifizierbar ist, fällt die geringe Zustimmungsrate im Rahmen der vorgegebenen Statements auf (Tabelle 2, S. 46; Ø: 4,01). Hierbei ist jedoch ein Aspekt zu ergänzen: Im vorgegebenen Statement[6] wurde ein *spezifischer* »Pflicht vs. Neigung«-Konflikttyp skizziert, bei dem die Handelnden wissen, was moralisch richtig wäre, aber mehr oder weniger zu bequem sind, dies auch umzusetzen. Man könnte argumentieren, dass die niedrige

[6] Wiederholt lautete dieses Statement: »Ich wusste, was moralisch richtig gewesen wäre, die Umsetzung hätte allerdings einen erheblichen Mehraufwand für mich bedeutet.«

Zustimmungsrate hier nicht überraschend ist, denn: Wer gibt schon gerne zu, zu faul zu sein, um das moralisch Richtige zu tun? Eine andere Nuancierung des gleichen Konflikttyps, die beispielsweise auf die notwendige ökonomische Kalkulation einer jeden veterinärmedizinischen Praxis fokussierte, hätte wahrscheinlich zu höheren Zustimmungsraten geführt.

3.1.3 Ethische Dilemmata – weniger relevant als erwartet

Ein ethisches Dilemma ist dadurch charakterisiert, dass mehrere moralisch gut begründete Pflichten in einer Situation nicht gleichzeitig befolgt werden können. In anderen Worten: In einer Dilemmasituation gibt es gute moralische Gründe, Handlung X zu tun, aber es gibt ebenso gute moralische Gründe, Handlung Y zu vollziehen – man kann aber nicht beide Handlungen gleichzeitig realisieren. Das bedeutet: Wie auch immer man entscheidet, man verletzt ein wichtiges Gut (Williams 1978, 91ff.). Als Leitfrage dieses Konflikts wird vorgeschlagen: »Wie wäge ich zwischen konfligierenden Interessen ab, die allesamt moralisch relevant und gut begründet sind?«

Die veterinärmedizinische Forschungsliteratur fokussiert auf diesen moralischen Konflikttyp (Morgan and McDonald 2007; Morgan 2009; Batchelor and McKeegan 2012; Kondrup et al. 2016; Rathwell-Deault et al. 2017; Kipperman et al. 2018). Die Ergebnisse der vorliegenden Erhebung legen jedoch nahe, dass ethische Dilemmata aus Sicht der Nutztierpraktiker·innen eine geringere Rolle spielen als zu Studienbeginn erwartet.[7] Zugleich gilt: Auch dieser Konflikttyp lässt sich in den Antworten finden. Ein ethisches Dilemma ergibt sich beispielsweise aus einem Rollenkonflikt: Die Tierärzt·innen kommen – ob sie es wollen oder nicht – in manchen Situationen mit Menschen in sozialer Schieflage in Kontakt und empfinden dabei Mitleid mit den Betroffenen. Diese Rolle als »Sozialarbeiter·innen« konfligiert jedoch mitunter mit dem Willen, stets im Interesse der Tiere zu handeln. Beispielhaft hieß es in einer zitierten Antwort: »Eigentlich sollte der Tier-

[7] Eine ähnliche Diagnose konnte jüngst mit Blick auf die amtstierärztliche Profession erarbeitet werden (Dürnberger 2019a).

arzt der berufene Schützer der Tiere sein – aber kann man solchen Bauern auch noch das Amt ›auf den Hals hetzen‹ wegen Tierschutz?« In dieser Situation gibt es demnach gute moralische Gründe, Anzeige zu erstatten, aber auch gute moralische Gründe, eben genau dies nicht zu tun, nämlich aus »der Verantwortung [heraus], dem Menschen zu helfen.« An diesem Punkt zeigt sich ein Aspekt, der weiter unten noch einmal aufgegriffen wird: Nicht jede Herausforderung, die die Tierärzt·innen nennen, ist eine *moralische* Herausforderung. Hier jedoch wird deutlich, wie aus einem grundsätzlichen Stressor (»Ich treffe auf Menschen, die Probleme haben«) ein *moralischer* Stressor wird, weil sich die Frage stellt: Wie wäge ich zwischen zwei moralisch gerechtfertigten Ansprüchen ab?

3.1.4 Offene ethische Fragen kommen kaum vor

Als offene ethische Fragen können Fragen verstanden werden, die eine Person als moralisch relevant erkannt, zu der sie jedoch (noch) keine abschließende Antwort für sich gefunden hat. Die Leitfrage einer solchen moralischen Herausforderung lautet: »Was ist das moralisch Richtige in einer bestimmten Situation?« Beispielhaft: Welchen moralischen Umgang schulden wir Tieren? Inwieweit ist es überhaupt moralisch rechtfertigbar, Tiere zu halten, um sie zu schlachten? Offene ethische Fragen – also dass Befragte beispielsweise beschreiben, dass sie nicht sicher sind, welchen moralischen Umgang wir einem Tier schulden – sind in den Antworten der Studie kaum zu finden. Zwar werden Grundsatzfragen gestellt (»... was maßen wir uns da an?«; »Wie viel muss die Kuh noch leisten, bis sie endlich ausgedient hat«), derartige Fragen sind aber nicht nur selten, sie weisen teilweise auch den Tonfall rhetorischer Fragen auf.

3.2 Eine idealistische und eine provokante Interpretation der Ergebnisse

Die Topantwort unter den moralischen Herausforderungen aus Sicht der Tierärzt·innen führt zu mindestens zwei möglichen Interpretationen. (a) Die erste Interpretation soll »idealistisch« genannt werden. In dieser Perspektive sind Tierärzt·innen so etwas wie die Speerspitze einer neuen Zeit samt neuer Wertvorstellungen. Auf Basis ihrer Moral sehen sie die Notwendigkeit von Verbesserungen und wünschen sich, dass sich das System entsprechend ändert. Die Rahmenbedingungen und Regulierungen hinken diesen neuen gesellschaftlichen Wertvorstellungen und Erwartungen rund um mehr Tierschutz und Tierwohl jedoch hinterher – und das erleben die Tierärzt·innen tagtäglich unmittelbar vor Ort. (b) Denkmöglich ist aber auch eine zweite Interpretation, die vergleichsweise »provokant« klingt. Es lässt sich mit Blick auf die Topantwort nämlich auch die Frage stellen, inwieweit eventuell »die falschen Personen« Tierärzt·innen im Bereich der Nutztierhaltung werden. Wenn jemand mit dem großen System, in dem er oder sie sich wiederfindet, unzufrieden ist – wussten diese Personen dann nicht, worauf sie sich einlassen und was es bedeutet, diesen Beruf zu wählen? Hatten sie falsche, vielleicht naive Erwartungen? Explizit soll darauf hingewiesen werden, dass das vorliegende Buch nicht dafür votiert, dieser zweiten, provokanten Interpretation den Vorzug zu geben. Genannt und in veterinärmedizinischen Kreisen diskutiert werden sollte sie jedoch sehr wohl – und dabei zeigte sich bislang im Nachgang der Studie, dass diese Interpretation keineswegs nur auf Ablehnung stößt.

3.3 Konflikte zwischen Akteur·innen und Rollen

Die beschriebenen moralischen Herausforderungen lassen sich aus einer anderen Perspektive zweifach beschreiben: Als Konflikte unterschiedlicher Akteur·innen und deren Interessen bzw. als Konflikte unterschiedlicher Rollen, die die Nutztierpraktiker·innen einnehmen.

3.3.1 Konflikte zwischen Akteur·innen: Das veterinärmedizinische Dreieck in einem Quadrat

Wesentliche moralische Herausforderungen können als Konflikte zwischen verschiedenen Akteur·innen beschrieben werden, die Anforderungen an die Tierärzt·innen stellen. Zu nennen sind hier: (a) Tiere,

(b) Landwirt·innen, (c) Politik, (d) Gesellschaft, (e) das Kollegium, (f) Veterinäramt und (g) der Tierarzt, die Tierärztin selbst. Spricht die Literatur meist von einem so genannten »veterinärmedizinischen Dreieck« (bestehend aus Tierärzt·in, Tierhalter·in und Tier) (Yeates 2013), das den Beruf prägt, ließe sich demnach auf Basis der Studienergebnisse ebenso von einem »Dreieck in einem Quadrat« sprechen, denn auch die vier weiteren genannten Akteur·innen beeinflussen den Handlungsspielraum und die moralischen Herausforderungen. Derartige Konflikte zwischen Akteur·innen können wie folgt exemplarisch gefasst werden: »Als Tierärztin möchte ich einem Akteur gerecht werden – dies aber steht in Konflikt mit den Interessen einer anderen Akteurin, die auch Ansprüche an mich richtet. Beispielhaft: Ich will einem Tier helfen, indem ich für eine bestimmte Therapie votiere – für den Landwirt ist diese Therapie jedoch unter den gegebenen Bedingungen ökonomisch nicht machbar.«

3.3.2 Konflikte zwischen Rollen: Die Vielfalt der Ansprüche

Wesentliche moralische Herausforderungen können auch als Konflikte zwischen verschiedenen Rollen beschrieben werden, die Tierärzt·innen einnehmen – ob freiwillig und aus Überzeugung, oder weil sie in diese Rolle gedrängt werden. Diese Rollen können konfligieren und so moralische Herausforderungen hervorbringen bzw. zuspitzen. Als relevante Rollen wurden dabei folgende identifiziert: Tierärzt·innen beschreiben und verstehen sich als (a) Anwält·innen der Tiere, (b) Unternehmer·innen, (c) Sozialarbeiter·innen, (d) Teil der Landwirtschaft, (e) Teil eines Kollegiums sowie als (f) Privatperson. Derartige Konflikte zwischen unterschiedlichen Rollen können wie folgt exemplarisch gefasst werden: »Als Tierarzt möchte ich dem Verantwortungsbereich einer Rolle gerecht werden – dies aber steht in Konflikt mit dem Verantwortungsbereich einer anderen Rolle. Beispielhaft: Als Anwalt der Tiere möchte ich eine Landwirtin für ihre Art der Tierhaltung scharf kritisieren – als Unternehmer darf ich sie jedoch als Kundin nicht verlieren.«

3.4 Ohnmacht und pragmatischer Idealismus: Das Streben nach dem Bestmöglichen

In dem beschriebenen Spannungsfeld der Interessen verschiedener Akteur·innen – und hierbei im Besonderen mit Blick auf die Gesundheit und das Wohlergehen der Tiere im Dialog mit den Landwirt·innen – kommen die Befragten auch auf ihre Gefühlslage zu sprechen. Hierbei gilt es zu bedenken, dass diese Gefühle nicht grundsätzlich beschreiben, wie die Teilnehmer·innen ihren Beruf jeden Tag erleben. Darauf weist ein Tierarzt auch explizit hin, wenn er schreibt:

> Trotzdem liebe ich diesen Beruf, weil ich die Kühe liebe und das Land, das durch sie über Jahrhunderte geprägt wurde, und ich versuche trotz all dieser o.g. Tatsachen, das Bestmöglichste daraus zu machen.

Dennoch: Mit Blick auf die Belastungen und Herausforderungen rücken auch negative Gefühle in den Fokus, im Besonderen sprechen die Tierärzt·innen wiederholt über ein Gefühl der Ohnmacht und der Frustration. Herausfordernd ist die …

> … Konfrontation mit tierschutzrelevanten Zuständen und die Ohnmacht, nichts dagegen machen zu können, weil man es sich nicht leisten kann, den Kunden zu verlieren.

> Leider bewirke ich nicht sehr oft etwas.

> Man redet sich den Mund fusselig und nichts passiert, so dass man irgendwann resigniert. Tierärzte (haben) kaum Möglichkeiten, tatsächliche Veränderungen in Tierhaltungen zu bewirken, wenn Landwirte nicht wollen.

> [Man hat] keine oder nur beschränkte Möglichkeit, nicht-tiergerechte Haltungen zu beeinflussen.

Die beschriebenen Gefühle leiten sich aus der zuvor beschriebenen essentiellen moralischen Herausforderung fast unmittelbar ab: Man möchte die Dinge zum Besseren ändern, kann dies aber nur bedingt oder fallweise gar nicht tun. Zugleich sind auch Strategien identifizierbar, wie die Tierärzt·innen mit diesem Gefühl umgehen. Vor allem zeigt sich hierbei die Notwendigkeit eines gewissen Pragmatismus. Denn auch wenn es einem nur bedingt möglich ist, die eigenen moralischen Überzeugungen zur Gänze in die Tat umzusetzen, bedeutet dies nicht, überhaupt nichts zu unternehmen bzw. überhaupt nichts unternehmen zu können. In anderen Worten: Auch wenn die moralisch »einwandfreie, gute« Lösung oft nicht möglich ist, geht es doch um ein »best possible«. So weist eine Tierärztin darauf hin, dass »nun mal ein Unterschied zwischen dem (besteht), was machbar ist und dem was schön für die Tiere wäre.« Man »versucht (…) Schritt für Schritt durch verstärkte Besuche Mängel zu beseitigen.« Es gilt »einen akzeptablen Kompromiss zu finden, der aber unter dem Strich schon eine Verbesserung des Tierwohls bedeutet.« Kurzum: »Ich versuche trotz all dieser o.g. Tatsachen, das Bestmögliche daraus zu machen.« Aus Sicht der Befragten – dies wird im zweiten Teil noch einmal angesprochen werden – braucht es für den Job in der Nutztierhaltung demnach einen pragmatischen Idealismus: Man muss von der Bedeutsamkeit des Berufs überzeugt sein und braucht einen gewissen Idealismus, der einem die Ziele vorgibt – zugleich darf man nicht daran verzweifeln, wenn sich diese Ziele nicht stets in voller Gänze verwirklichen lassen, vielmehr gilt es, kompromissbereit das Bestmögliche zu erreichen.

Hierbei wird auch klar, wie dieses »best possible« realisierbar ist, nämlich nur durch aktive Kommunikation mit den Tierhalter·innen. Die Befragten beschreiben sich demnach als Akteur·innen, die – ungeachtet oder gerade wegen ihrer geringen Möglichkeiten, die Tierhaltung direkt zu ändern – immer wieder aufs Neue kommunizieren müssen. Beispielhafte Antworten lauten: »Ich weise häufig auf Dinge hin, die mir nicht gefallen. Wichtig ist die Art und Weise, wie man das vermittelt, damit man nicht als Belehrer oder Ankläger dasteht«. Man sucht und findet »deutliche Worte dem Landwirt gegenüber«. Man versucht

> … das sehr deutliche Ansprechen von Missständen. Ich versuche auf Missstände hinzuweisen, um sie zum Wohl des Tieres, viel-

leicht sogar zur Verbesserung der Gesundheit der Tiere, zu verbessern, muss aber immer beachten, dass ich den Landwirt nicht verärgern möchte, da es kontraproduktiv wäre, wenn das Gespräch dazu führt, dass er mir in Zukunft nicht mehr von seinen Problemen/Prozeduren erzählt.

Die Studie unterstreicht demnach, dass der veterinärmedizinische Beruf im Bereich der Nutztierhaltung auch und besonders eine kommunikative Tätigkeit ist.

3.5 Nicht jede Herausforderung ist eine moralische: Ein weites Ethikverständnis

Fragt man Tierärzt·innen nach Situationen in ihrem Berufsalltag, die sie als »moralisch besonders herausfordernd empfinden«, kommen sie auch auf grundsätzliche Herausforderungen und Belastungen zu sprechen, die nicht originär »moralisch« zu nennen sind. Beispielhaft können hier folgende grundsätzliche Belastungen und Herausforderungen auf Basis der Studie genannt werden:

(a) Rechtliche Vorgaben, die kaum zu erfüllen sind;
(b) rechtliche Vorgaben, die nicht nachvollziehbar sind;
(c) die zunehmende Bürokratisierung des Berufsalltags,
(d) die gesellschaftliche Entfremdung gegenüber der Nutztierhaltung,
(e) die zunehmende gesellschaftliche Kritik an der Nutztierhaltung,
(f) die mangelnde gesellschaftliche Bereitschaft, mehr Geld für Nahrungsmittel auszugeben (und damit den finanziellen Spielraum in der Nutztierhaltung zu erhöhen),
(g) die teilweise frustrierende Zusammenarbeit mit den Veterinärämtern,
(h) die teilweise frustrierende Zusammenarbeit mit Vorgesetzten und/oder Kolleg·innen,
(i) die grundsätzlich hohe Arbeitsbelastung, oder auch
(j) die Konfrontation mit Menschen, die sich in einer sozial schwierigen Situation befinden.

All diese Aspekte können als grundsätzliche Stressoren im Berufsalltag verstanden werden: Sie fordern die Tierärzt·innen heraus und können sie in bestimmten Situationen bzw. auch langfristig maßgeblich belasten. Sie sind jedoch nicht per se *moralische* Herausforderungen. McCarthy und Deady unterscheiden in diesem Sinne Stress, wie er im Berufsalltag aufgrund von grundsätzlichen Belastungen auftritt, von »moral (di)stress«, der auf moralische Probleme zurückgeht. (McCarthy and Deady 2008, 255f.) Im Vorliegenden wird diese Unterscheidung als hilfreich angesehen, denn: Nicht alles, was stresst und belastet, ist eine *moralische* Herausforderung. Moralische Herausforderungen, so der vorliegende Vorschlag, sind besondere Herausforderungen, die um die Frage einer adäquaten Abwägung von Werten, Gütern und Normen kreisen. Diese vorgenommene Differenzierung bedeutet keine trennscharfe Abgrenzung. Man denke exemplarisch an die genannte zunehmende Bürokratisierung des Berufes: Diese mag moralisch relevante Konsequenzen zeitigen (etwa wenn der zeitliche Aufwand, der für die Bürokratie notwendig ist, auf Kosten einer adäquaten Behandlung von Tieren geht), sie ist aber nicht per se als moralische Herausforderung zu beschreiben, da ihr maßgeblicher Konflikt nicht in einer adäquaten Abwägung von Normen, Gütern und Werten besteht. Thesenhaft kann aus der Beobachtung, dass Nutztierpraktiker·innen bei der Frage nach moralischen Herausforderungen auch auf *grundsätzliche* Belastungen zu sprechen kommen, abgeleitet werden, dass sie ein »weites« bzw. kein klar umrissenes Ethikverständnis aufweisen. Sie assoziieren »Ethik« und »Moral« nicht nur mit Konflikten zwischen Normen, sondern mit einem Nachdenken über »das große Ganze« ihres Berufs jenseits von fachlichen Detailfragen.

3.6 Herausforderungen als Quelle für »moral distress«?

Aus den Antworten ist zu entnehmen, dass nicht wenige Befragte die beschriebenen moralischen Herausforderungen in bestimmten Situationen bzw. teilweise auch dauerhaft als belastend empfinden. Dieser Hinweis ist notwendig, da nicht jedwede moralische Herausforderung unausweichlich zu jenem Phänomen führen muss, das als »moral distress« bezeichnet wird. »Moral distress« ist ein Begriff, der ursprünglich in den Pflegewissenschaften Karriere machte, in jüngster Zeit aber durchaus auch im veterinärmedizinischen Kontext diskutiert wird (Arbe Montoya et al. 2019). In enger Definition meint »moral distress« die psychische Belastung, die auftritt, wenn jemand gegen seine moralischen Überzeugungen zu handeln hat (Jameton 2017). Weiter gefasst – und dieser Definition wird im Vorliegenden gefolgt – meint der Begriff allgemein jede psychische Belastung, die als Folge eines Unvermögens auftritt, mit einem moralischen Konflikt adäquat umzugehen (Monteverde 2013). Die Ergebnisse der vorliegenden Studie legen dabei nahe: Nutztierpraktiker·innen sind nicht nur mit moralischen Herausforderungen konfrontiert – diese führen auch durchaus bei manchen zu »moral distress«. Diese These erscheint mit Blick auf das Wording bestimmter Antworten erlaubt. Dieses ist teilweise emotional, berichtet von einer gewissen Überforderung und Frustration, reflektiert über einen Berufswechsel, etc. Explizit sei jedoch darauf hingewiesen, dass die Studie hierbei keine quantitative Aussage trifft. Es gilt, zukünftig zu untersuchen, inwieweit »moral distress« viele oder nur wenige Tierärzt·innen betrifft. Ist eine Person regelmäßig mit »moral distress« konfrontiert, kann dies zu einem »dauerhafte[n] Überbleibsel an moralischer Frustration« (Wöhlke und Wiesemann 2016, 282) führen. Die Literatur in der Pflegewissenschaft spricht hierbei von »Moral residue«. Das bedeutet: Löst sich eine moralisch belastende Situation auf, beispielsweise weil ein bestimmter Patient verlegt wird, geht der »moral distress« Level einer Pflegekraft nicht notwendigerweise auf »Null« zurück: »Vielmehr verbleibt ein Rest aus dem Gefühl der Machtlosigkeit und der Reflektion über die geringe Bedeutung und Wertschätzung des eigenen Engagements.« (Wöhlke und Wiesemann 2016, 282) »Moral residue« kann hierbei auch dazu führen, dass sich der »moral distress« Level schneller wieder aufbaut, wenn eine neue moralisch belastende Situation entsteht. Langfristig kann dies bei Pflegenden zu einem »Gefühl (…) der Sinnlosigkeit ihrer Tätigkeit« (Wöhlke und Wiesemann 2016, 282) führen. Auch Oh und Gastmans (2015) diskutieren, inwieweit »moral distress« bei Pflegekräften emotionale Erschöpfung, Depression und Burnout hervorruft. Epstein und Delgado (2010) weisen darauf hin, dass »moral distress« zu Gleichgültigkeit in moralisch herausfordernden Situationen führen kann. All diese Aspekte sind mit Blick auf die Veterinärmedizin zukünftig näher zu beleuchten.

3.7 Mehr Austausch? Ja, aber nur bedingt

Die Mehrheit der Tierärzt·innen gibt an, durchaus über die moralischen Herausforderungen ihres Berufs zu sprechen. Bei der Frage, ob ein intensiverer Austausch über diese Probleme gewünscht wird, stimmen zwar ca. 34% dieser Aussage zu bzw. voll und ganz zu, ein klarer Wunsch nach mehr Austausch lässt sich daraus aber nicht ableiten, vor allem auch deswegen nicht, weil es im Wunsch nach mehr Austausch nicht nur um Dialog und Supervision geht, sondern ebenso um Information und Aufklärung von bestimmten Akteur·innen. Präziser konnten zwei Motive für einen intensiveren Austausch über die beschriebenen Probleme identifiziert werden: Die Befragten erhoffen sich (a) Unterstützung, hierbei erscheinen Kolleg·innen als ideale, wenn nicht sogar als einzig adäquate Zielgruppe. Dieser Wunsch, sich im Besonderen im Kollegium auszutauschen, unterstricht die Bedeutsamkeit von Fortbildungsveranstaltungen, die abseits der fachlichen Diskussionen Raum für Austausch ermöglichen. Darüber hinaus wollen Tierärzt·innen (b) bestimmte Akteur·innen über die Situation in der Nutztierhaltung adäquat aufklären, um diese Personen »wachzurütteln« und zu Verbesserungen zu animieren. Hierbei ist es vor allem die Politik, mit der man in einen derartigen Austausch treten möchte. Mehr als das: In den Antworten kann eine gewisse Politikverdrossenheit festgestellt werden. Dieses Phänomen ist im Allgemeinen unter anderem durch ein geringes Vertrauen in die Moral, Kompetenz und Durchsetzungsfähigkeit der Politik gekennzeichnet (vgl. Arzheimer 2002). Zukünftige repräsentative Studien sollten klären, inwieweit Nutztierpraktiker·innen zu einer derartigen Politikverdrossenheit tendieren. Der beschriebene Austausch ist u.a. deswegen nötig, weil die meisten Befragten davon überzeugt sind, dass die moralischen Herausforderungen ihres Berufs größer sind als diejenigen von Kolleg·innen im Bereich der Kleintiermedizin und weil die moralischen Debatten rund um die Nutztierhaltung durchaus ein

Stressor sind (Tabelle 3, S. 47). Grundsätzlich geben die Befragten an, dass sie ihr Studium nur bedingt auf diese gesellschaftlichen Kontroversen adäquat vorbereitet hat (ebd.). Diese Hintergrundfolie des Berufs, nämlich die gesellschaftliche Auseinandersetzung rund um die Nutztierhaltung allgemein, wird auch im zweiten Teil des Buchs eine wiederkehrende Rolle spielen.

TEIL II

DIE ZUKUNFT DER PROFESSION

1 Beschreibung der eigenen Rolle in der Nutztierhaltung

Der zweite Teil der Studie fokussierte auf die Zukunft der Profession wie auch der Nutztierhaltung allgemein. Hierzu wurden verschiedene offene wie geschlossene Fragen gestellt. Wie einleitend beschrieben, sorgt die Nutztierhaltung gegenwärtig in europäischen Gesellschaften für Kontroversen. Vor diesem Hintergrund fragte die Studie nach der Rolle der Tierärzt·innen in diesem Spannungsfeld. Dabei wurden drei beispielhafte Aussagen vorgestellt, die auf Basis von Workshops mit Berufsangehörigen entwickelt wurden (vgl. Tabelle 5; n=76).

In meiner Rolle als Tierarzt/Tierärztin in der Nutztierhaltung fühle ich mich manchmal wie …	(1) Ich stimme voll und ganz zu	(2) Ich stimme zu	(3) Ich stimme eher zu	(4) Ich stimme eher nicht zu	(5) Ich stimme nicht zu	(6) Ich stimme überhaupt nicht zu	
S1: … Kompliz·in eines falschen Systems.	6,67%	24%	16%	17,33%	18,67%	17,33%	Ø: 3,69 SD ± 1,59
S2: … eine Art Soldat·in: Ich mache einen Job, der für die Gesellschaft wichtig ist, aber von dem sie lieber keine Bilder sehen will.	21,33%	29,33%	14,67%	10,67%	14,67%	9,33%	Ø: 2,96 SD ± 1,65
S3: … eine notwendige Kontrollinstanz innerhalb eines Systems, das stark ökonomisch geprägt ist.	14,47%	27,63%	22,37%	18,42%	11,84%	5,26%	Ø: 3,01 SD ± 1,42

Tabelle 5: Rolle innerhalb der Nutztierhaltung

In den Kommentaren zu diesen Statements unterstreicht ein Teilnehmer, dass er sich als kleiner Teil in einem großen System sieht – ob dieses System grundsätzlich moralisch rechtfertigbar ist oder nicht, bleibt dabei offen: Ich bin »ein Zahnrad, welches das aktuelle System am

Laufen hält ...« Eine andere Antwort wird hierbei deutlicher, differenziert jedoch:

> Das System empfinde ich tatsächlich als falsch. Diese Sicht hat aber weniger mit meiner Ethik als Tierärztin zu tun und belastet mich auch nicht an dieser Stelle. Insofern betrachte ich mich nicht als Komplizin.

Eine Teilnehmerin schildert, wie sie mit diesem Spannungsfeld umgegangen ist, nämlich mit einem Wechsel der Sparte innerhalb des Berufs:

> Vor allem im Mastbereich finde ich das System mit langen Kälbertransporten, hoher Belegdichte und durch all den Stress, dem die Tiere ausgesetzt sind, vielen Erkrankungen und dadurch auch hohen Medikamenteneinsätzen teilweise schwierig. Unter anderem um nicht mehr Teil dieses ›Systems‹ zu sein, wechsele ich jetzt in eine reine Milchviehpraxis. Dort steht meine persönliche Meinung zu artgerechter Tierhaltung und Landwirtschaft nicht mit der Ist-Situation im Widerspruch.

Mit Blick auf den Umgang mit den unterschiedlichen Interessen tritt in folgender Antwort erneut ein Pragmatismus zutage, der nach dem Bestmöglichen strebt:

> Ich fühle mich wie ein Verantwortlicher für die Belange der Tiere. Ich habe zuerst das Wohl der Tiere im Blick und sehe zu, was ich für sie unter den gegebenen Bedingungen im Betrieb verbessern kann. Sei es in der Einzeltiertherapie, Notfallbehandlung, Geburtshilfe oder in Haltungs- und Hygienebedingungen, Bestandsdiagnostik oder Betriebsabläufen.

Das Statement zur »Kontrollinstanz« (vgl. Tabelle 5, S. 67) ruft Widerworte hervor. Es wird darauf hingewiesen, dass Kontrolle die Aufgabe der Amtstierärzt·innen ist: »Die Kontrollinstanz sollten immer noch die Amtstierärzte sein und bleiben, aber dafür engmaschiger kontrollieren!« Ein Teilnehmer hält hierzu fest: »Kontrollen können nur amtliche Veterinäre durchführen mit Konsequenzen.« Eine andere

Kritik weist darauf hin, dass Qualitätssicherungssysteme maßgebliche Kontrollinstanzen darstellen, dass diese jedoch nicht das notwendige Wissen hätten:

> Das ist ja gerade das Absurde: die Kontrollen innerhalb der unterschiedlichen Qualitätssicherungssysteme werden nicht von Tierärzten, die wirklich was von der Sache verstehen, gemacht, sondern von irgendwelchen Leuten, die in einem Schnellkurs gelernt haben, wie die Fragebögen und Checklisten ausgefüllt werden müssen. Diese QS-Dokumentation ist ein einziger Witz!

Schließlich wird erneut das Problem angesprochen, dass zu strenge Kontrollen dazu führen können, Kund·innen zu verlieren:

> Wenn ich kontrollieren will, nehme ich mir selbst die Arbeit weg, und wenn ich die Tiere auf Problembetrieben nicht behandele, dann tut es keiner. Was also tun? Wo fängt es an, wo hört es auf?

In einer Antwort steht hierzu zu lesen: »Es bleibt auch immer eine wirtschaftliche Abhängigkeit vom Tierhalter, als selbstständige Tierärztin mehr als bei angestellten Tierärzten und Tierärztinnen.«

2 Wird Student·innen zum Beruf geraten?

Die Tierärzt·innen wurden gefragt: »Würden Sie Student·innen der Veterinärmedizin gegenwärtig dazu raten, sich für die Berufssparte ›Nutztier‹ zu entscheiden? Warum bzw. warum nicht?« (n=77) Die Antworten wurden nicht nur qualitativ, sondern auch quantitativ ausgewertet, um zumindest einen Eindruck der Verteilung vermitteln zu können. Folgende Zahlen verstehen sich jedoch nur als ungefähre Angaben, oftmals sind Antworten nämlich nicht klar einer Tendenz zuzuordnen. Dennoch kann festgehalten werden: Aus ca. 10% der Antworten sprach Unentschlossenheit, ob man Student·innen der Veterinärmedizin heute dazu raten sollte, sich für die Nutztierhaltung als Berufsfeld zu entscheiden, ca. 60% der Antworten lassen sich tendenziell unter einem »Ja« subsumieren, ca. 30% tendenziell unter einem »Nein«. In ihren Antworten kommen die Befragten auch auf Gründe für und gegen den Beruf zu sprechen.

2.1 Gründe für die Berufswahl

Die befragten Tierärzt·innen nennen am häufigsten folgende Gründe, die für die Berufswahl sprechen: Die Freude an der Arbeit selbst, die als spannend und herausfordernd beschrieben wird; die Kooperation und den Austausch mit den Landwirt·innen, die ökonomische Sicherheit des Berufs und den Umgang mit den Tieren. Für alle Topantworten, aber auch für weitere genannte Gründe, werden im Folgenden beispielhafte Antworten zitiert.

Die Befragten begründen ihre positive Antwort mit dem Verweis auf die Freuden der Arbeit selbst (32%). Der »Job macht Spaß«, es ist eine »abwechslungsreiche Tätigkeit«, mit einem »großen Spektrum«. Immer wieder wird darauf verwiesen, dass der Beruf »vielfältig« ist. Der »tierärztliche Beruf ist nach wie vor unglaublich spannend und vielseitig.« Es »kommt nie Routine auf im Beruf, es ist immer spannend.« Es ist »nach wie vor [ein] hochinteressantes Feld mit vielen Entwicklungsmöglichkeiten (z.B. kurativ, arbeitswirtschaftlich, betreuend).« Der Beruf ist »herausfordernd«, »befriedigend« und »immer noch spannend.« Auch Vergleiche mit anderen Sparten werden gezogen, beispielsweise: Der Nutztierbereich ist »für mich die herausforderndste und somit interessanteste Seite des tierärztlichen Berufsfeldes.« Es »ist ein toller Beruf, mein Alltag ist anstrengend, aber er macht mir Spaß.« Ein Tierarzt spricht von der »großen Freiheit«, die der Beruf mit sich bringt.

Die Teilnehmer·innen kommen auch auf die Landwirt·innen zu sprechen, mit denen man es im täglichen Berufsalltag zu tun hat. Dieser Austausch und Kontakt wird positiv beschrieben (13%). Es sind »überwiegend nette Landwirte«. Die »Landwirte sind dankbar und ›treu‹ wenn gute Arbeit geleistet wird.« Man hat »es in der Regel mit naturverbundenen bodenständigen Menschen auf dem Land zu tun.« Ich »habe trotz des stressigen Berufsalltages sehr viel Freude an meiner Arbeit mit den Kühen und den Landwirten.« Mir »gefällt die enge Zusammenarbeit mit den Landwirten …« Auch hier taucht der Vergleich zur Kleintiermedizin auf: Landwirt·innen sind »deutlich angenehmere Kunden (…) als Kleintierbesitzer.« In einer Antwort heißt es:

> [Ich] fühle mich in der Zusammenarbeit mit Landwirten sehr wohl. Mir persönlich fällt der Umgang mit Kleintier- oder Pferdehaltern schwer und die Hobbytieraffektion finde ich anstrengend, daher ist der Bereich für mich keine Alternative und ich kann sie keinem Studenten empfehlen.

Teilnehmer·innen weisen auch darauf hin, dass der Beruf ökonomisch sicher ist (n=8). Das Berufsfeld ist »wirtschaftlich ungefährdet!« Mit »Fleiß und Einsatzbereitschaft hat man ein sehr gutes Auskommen.« Es gibt »vor allem im Schweinebereich faire Bezahlung«; man kann im Nutztierbereich »absolut sicher eine gut bezahlte Stelle« finden. Erneut werden Vergleiche zur Kleintiersparte gezogen: Ich empfehle den Nutztierbereich, weil »hier dringend Nachwuchs gebraucht wird und auch noch besser Geld verdient werden kann als in der hundertsten Kleintierpraxis im Münchner Speckgürtel.« Ich »würde dazu raten, da zum einen die Konkurrenz im Kleintier- und Pferdebereich sehr groß ist.« Die Befragten sprechen auch darüber, dass der Umgang mit Tieren erfüllend ist (8%). Das »Rind ist mit das Beste, was der Menschheit passieren konnte.« Mein »Herz hängt im Rinderstall und ich würde immer wieder den Beruf des Rinderpraktikers wählen.« Es sind

»tolle Tiere«, mit denen man es zu tun hat. Ich »arbeite gerne mit Kühen …« Oder auch: »weil Kühe, Schweine und Geflügel tolle und spannende Tiere sind.«

Die bislang genannten Antworten standen im Fokus der Begründungen. Es wurden in den Antworten aber noch weitere Gründe vorgebracht; auch sie sollen hier diskutiert werden. So wird der Beruf empfohlen, weil man für die Tiere Dinge zum Besseren verändern kann und diese Aufgabe gerade im Nutztierbereich eine wichtige ist:

> [Man hat] den direkten Kontakt zum Landwirt und damit zum Tier. Wenn wir dem Landwirt sagen: ›Hör mal, wenn du eine zusätzliche Trennwand in den Stall einziehst, hat das schwächere Schwein eine Möglichkeit sich zu verstecken und wird nicht von den anderen gemobbt.‹, dann helfen wir dem Tier und dem Landwirt. Und das ist meines Erachtens eine wertvolle Arbeit.

> [Wer] für Nutztiere arbeitet, respektiert deren Leistung für die Menschen, und durch die eigene Haltung (Bereitwilligkeit den Tieren zu jeder Tages-und Nachtzeit zu helfen) lebt er den Landwirten vor, dass Tiere einen Wert haben, ihre Bedürfnisse ernst genommen werden und ihre Gesundheit und ihr Wohlbefinden wichtig sind. Wer nicht in die Nutztierpraxis geht, weil er ›die Zustände nicht sehen will, unter denen die Tiere gehalten werden‹ tut den Tieren damit keinen Gefallen.

> [Die] Nutztiere haben für mein Empfinden eine viel zu kleine Lobby. Unser Engagement verhilft ihnen zu einer Stimme und diese Stimme zu sein, empfinde ich als Lebensaufgabe.

> [Der Beruf hat] einen sinnvollen ›Output‹ (…): Wir sorgen dafür, dass es den Tieren gut geht, dass sie gesund sind, dass es weniger Tierverluste gibt …

In diesen Antworten klingt durch, dass das Gefühl, etwas bewegt und verändert zu haben, maßgeblich zur Freude am Beruf beiträgt: »Man kann in den einzelnen Betrieben unheimlich viel bewegen.« In diesem Beruf gibt es »viel Potential (…) mitzugestalten.« Man kann »im Dialog etwas bewegen«, etwas »ändern. Manchmal nur langsam aber immerhin.« Der Beruf wird jedoch nicht nur mit Blick auf das Vertreten der Interessen der Tiere und im Beraten der Betriebe als sinnvoll wie notwendig beschrieben, sondern auch mit Bezug auf das Endprodukt: die Nahrungsmittel.

> Wir alle können ohne Essen und Trinken nicht leben. Die Tierärzte sind mit ein Teil der Lebensmittelproduktion. Durch unsere Arbeit können auch wir für gesunde Lebensmittel sorgen.

> [Ich empfehle den Beruf] weil die Landwirtschaft Grundlage unseres Lebens ist und es hier junge, motivierte Tierärzte braucht.

Aus diesen Motiven – den Tieren zu helfen und der Produktion von Nahrungsmitteln – wird der Beruf als »sinnvolle Tätigkeit« beschrieben. Der Beruf ist empfehlenswert, weil Nutztierpraktiker·innen »gebraucht werden.« Ich »habe immer das Gefühl, einen sinnvollen und wichtigen Job zu machen.« Die folgenden Gründe für die Berufswahl werden nur in vereinzelten Statements gebracht. Die Landwirtschaft wird als ein spannendes Arbeitsfeld beschrieben – allein deswegen ist Nutztiermedizin empfehlenswert: Die »Landwirtschaft gehört zu den innovativsten Berufsparten – Nutztiermedizin hängt zwar dahinter, ist aber am nächsten dran.« Der Beruf bedeutet auch eine Arbeit in den »schönen Landschaften in Deutschland«, man ist dabei »im Freien« und an der »frischen Luft«. Ein Teilnehmer betont, dass ihm »die körperliche Arbeit [gefällt]«. Auch hat man im Bereich »Nutztier« ein besseres Arbeitsklima: »Das Arbeitsklima in Großtierpraxen (ist) besser.« Der Beruf ist auch zu empfehlen, »weil zwischenzeitlich gute Teilzeitmodelle möglich sind.« Eine Teilnehmerin betont, dass man in diesem Arbeitsfeld über Landwirtschaft aufklären und informieren kann:

> [Wir] können (…) durch Schülerpraktikanten zumindest im Kleinen die Landwirtschaft näherbringen. Bei den meisten gibt es [ein] richtiges Aha-Erlebnis. Aktuelle Bilanz bei mir: nach ihrem Praktikum 3 Vegetarier weniger, weil die Situation im Stall gar nicht so schlimm war, wie sie es aus den Medien vermittelt bekommen hatten.

Ein Begriff, der in den Antworten, die zum Beruf raten, wiederholt auftaucht, ist jener der »Berufung«:

> Praktisch arbeitender Tierarzt ist kein Beruf, sondern Berufung. Das kommt von Herzen und ist nicht begründbar. Die verschiedenen Begleiterscheinungen, die die Berufsausübung mit sich bringt, sind sicher nicht immer einfach, man lernt aber damit umzugehen.

Wer den Beruf wählt, der »muss nur wissen, dass es eben kein 9-17 Uhr Job ist, sondern hier Beruf von Berufung kommt. Das Leben muss man mögen sonst hat man verloren.« Letztgenannter Satz spricht bereits eine Bedingung an, die die Befragten nennen. Hierbei werden noch weitere beschrieben. Der Beruf wird demnach empfohlen, aber nur dann, wenn man sich in die »Selbstständigkeit« begibt; wenn »Verständnis für landwirtschaftliche Produktion, Fragestellungen und Abläufe vorhanden« ist; wenn echtes Interesse besteht, nicht »nur oberflächliches«; wenn man »ein ›Idealist‹ ist und ein ›dickes Fell‹ hat«, denn man »braucht ein ziemlich dickes Fell«; »wenn man sehr belastbar ist«; nur »mit einem vernünftigen Arbeitsvertrag« und nur wenn man auch mit Landwirt·innen gut kann. »Ausschließlich aus Liebe zum Tier« wäre der Beruf nicht empfehlenswert, vielmehr gilt: »Man muss auch die Besitzer mögen.«

2.2 Gründe gegen die Berufswahl

Jene Befragten, die sich gegen eine Empfehlung für den Beruf aussprechen, nennen am häufigsten folgende Gründe: Die gesellschaftspolitische Kritik an der Nutztierhaltung, die erwarten lässt, dass die Sparte insgesamt keine Zukunft in diesem Land hat, den zu geringen Verdienst, die grundsätzlich schlechten Arbeitsbedingungen wie auch die gegenwärtige Gesetzeslage, die die Ausführung des Berufs erschwert. Für alle diese Topantworten, aber auch für weitere genannte Gründe, werden im Folgenden beispielhafte Antworten zitiert.

Ein Thema, das in den Nein-Begründungen häufig auftritt, ist die gesellschaftspolitische Kritik an der Nutztierhaltung (18%), die aus

Sicht mancher Befragten so stark ist, dass sie nicht nur den gegenwärtigen Alltag betrifft, sondern dazu führen wird, dass die Nutztierhaltung in Deutschland überhaupt mehr und mehr verschwindet. Die Antworten sind hier teilweise drastisch und deutlich formuliert. Zur Veranschaulichung sollen mehrere Antworten ausführlich zitiert werden:

> [Der] Druck aus der Politik und bestimmten Kreisen der Gesellschaft auf die Landwirtschaft und somit auf die Tierärzte wird in Zukunft noch steigen, das Verhältnis ist bereits heute von Misstrauen und Sprachlosigkeit geprägt.

> [Es] werden zwar Nutztierpraktiker gesucht, doch die Tierproduktion ist in Deutschland nicht mehr erwünscht und wird sich zwangsläufig ins Ausland verlagern. Die bäuerliche Landwirtschaft wird hier zu Lande sterben.

> [Es ist zwar ein] wunderbarer Beruf, aber gesellschaftlicher Anspruch, Ansehen, Veränderungen in der Tierhaltung, überbordende Bürokratie, führen zu ständiger Frustration, die ohne intakte Familie oder Freundeskreis durchaus im Suizid endet.

> Ich gehe davon aus, dass aufgrund der gesellschaftlichen Anforderungen an die Landwirtschaft diese in den nächsten 25 Jahren aus den mitteleuropäischen Ländern weitestgehend verschwinden wird. Die pauschale Schuldzuweisung der jüngeren Menschen, perpetuiert durch die quotenorientierten Medien zermürben die Bauern. Das allgegenwärtige ›Bauern-Bashing‹ trägt in meinem Umfeld dazu bei, dass die Höfe aussterben.

> [Die] Nutztierhaltung steht (…) momentan am Scheideweg, auf dem Weltmarkt konkurrenzfähig zu sein oder für den lokalen Markt nachhaltig zu produzieren. Diese Richtung wird allerdings politisch nicht unterstützt, so dass die Nutztierhaltung in Deutschland auf die Dauer eine sehr untergeordnete Rolle spielen wird.

> [Ich kann den Beruf nicht empfehlen] da das Spannungsfeld zwischen ›Weltverbesserern‹ und Realisten militant geworden ist!

> [Die] Nutztier-Sparte (ist) mehr oder weniger ein Auslaufmodell durch die aktuelle politische Situation.

> [Man kann nicht zu dem Beruf raten] da die Perspektiven der Nutztierhaltung in Deutschland nicht kalkulierbar sind und von vielen unbekannten Variablen abhängen. [Die gesamte Sparte hat] keine Zukunft.

Auch der zu geringe Verdienst wird in den Begründungen, die gegen eine Berufswahl sprechen, thematisiert (9%). Die Arbeit ist nicht zu empfehlen, »weil man bei einem unglaublich hohen Arbeitspensum relativ wenig Zeit für andere Dinge im Leben hat und dabei relativ wenig verdient«. Die »Verdienstmöglichkeiten [sind] in anderen akademischen Berufen besser.« Der »hohe persönliche Aufwand spiegelt sich nicht in den Gehältern von angestellten Tierärzten wieder.« Es existiert ein »hoher zeitlicher Druck mit ungerecht niedriger Entlohnung.« Es fehlt an »verbindlichen Gehaltsvorgaben, Arbeitszeiterfassung, bezahlten Überstunden ...« Kurzum: »Ich würde jungen Kollegen eher abraten, sich der Großtierpraxis zu widmen, da, je nach geografischer Region, die Arbeits- und Verdienstmöglichkeiten sehr schlecht sind.« Die Antworten sprechen auch über grundsätzlich schlechte Arbeitsbedingungen (9%):

> [Solange] sich nichts tut um die Arbeitsbedingungen für Assistenten zu verbessern (verbindliche Gehaltsvorgaben, Arbeitszeiterfassung, bezahlte Überstunden ...) ist der Beruf uninteressant.

> Mit Arbeitstagen zwischen 10-12 Stunden (in der Regel!, kann auch mal mehr sein), dazu Bereitschaftsdienste, jedes zweite Wochenende/Feiertag arbeiten (natürlich ohne Freizeitausgleich), jederzeit abrufbar sein, unbezahlte Überstunden bei sehr mäßiger Bezahlung, keine Wertschätzung der Arbeit, i.d.R. auch ohne jemals einen Arbeitsvertrag unterschrieben zu haben – da sucht man sich doch lieber einen Job weitab von der (Nutztier-)Praxis!

> [Man kann den Job nur empfehlen] in einer großen Praxis oder Klinik mit geregelten Arbeitszeiten, falls es sowas überhaupt gibt.

Auch der Umgang mit den Assistent·innen wird kritisiert:

> Aber auch die Einstellung von vielen Praxisinhabern ihren Assistenten gegenüber ist erschreckend! In manchen Teilen Bayerns hat es sich noch nicht herumgesprochen, dass die Leibeigenschaft abgeschafft wurde. So zumindest fühlen sich hier viele Assistenten, die mit viel Elan in den Beruf gestartet sind – und nach ein bis zwei Jahren völlig frustriert der Praxis den Rücken zukehren.

Auch die gegenwärtige Gesetzeslage wird bemängelt (5%) und als weiterer Grund genannt, warum man den Beruf nicht empfiehlt:

> Gerade im Bereich Nutztier besteht eine Diskrepanz zwischen gesetzlichen Vorgaben und Wirklichkeit (stehen wir nicht alle schon mit einem Bein im Knast? Bauern verlangen die Abgabe von Medikamenten – macht der Nachbarkollege doch auch so! Auch wenn man nicht will, fügt man sich manchmal doch).

> [Zudem] wird die freie Berufsausübung durch gesetzliche Vorgaben und Neuerungen (TÄHaV, QS usw.) immer mehr eingeschränkt, man bewegt sich rechtlich immer am Rande der Legalität und das Standing in der Gesellschaft als Nutztierpraktiker ist eher schlecht.

> [Die] gesetzlichen Auflagen entsprechen nicht den Anforderungen, gehen vorbei an der Realität, lassen sich nicht umsetzen, man kann nicht gewinnen.

Die Teilnehmer·innen thematisieren vereinzelt noch weitere Gründe, die gegen eine Berufswahl sprechen, so weist eine Tierärztin darauf hin, dass die Arbeit kaum noch medizinisch ist: »Viele Behandlungen [erfolgen] durch Landwirte. Mittlerweile eher Bestandbetreuung, wenig medizinisch.« Tierärzt·innen werden zu einem bloßen »Medikamentenlieferdienst«:

> Rabatte auf den Arzneimittelverkauf von 56% sind das Hauptproblem der Entwicklung von Nutztierpraxen weg vom Freiberufler ›Landtierarzt‹ und hin zum Unternehmen eines überregionalen Medikamentenlieferdienstes. Darunter leiden Individualität und selbstbestimmtes Arbeiten.

Ein Tierarzt beschreibt sich als eine Art »Einzelkämpfer«, der isoliert und allein gelassen seine Meinung zu vertreten hat:

> Der Beruf ist weder idyllisch noch erfüllend. Im Gegenteil, man arbeitet allein, ist permanent allein im Auto und steht vor Landwirten mit seiner Meinung auch meist allein. Man benötigt ein großes Selbstbewusstsein und Durchsetzungsvermögen!

Der Beruf ist auch deswegen nicht empfehlenswert, weil die Ausbildung falsch abläuft: Die »Ausbildung ist immer noch zu sehr auf das Einzeltier fixiert.« Das »bisherige Studium (reicht) nicht aus, um den Anforderungen fachlich gewachsen zu sein.« Die Arbeit ist zudem körperlich anstrengend: Es sind »nicht leichte«, sondern »körperlich fordernde Arbeiten«, die notwendig sind, daher muss man »körperlich sehr robust« sein. Auch die zunehmende Bürokratisierung erschwert den Job: Die »Dokumentationsarbeit(en) am Feierabend sind unattraktiv.« Schließlich wird auch der Umgang mit den Landwirt·innen als aufreibend bis extrem belastend beschrieben: Es gibt »kaum Zusammenarbeit mit den Landwirten. Wir sind nur jederzeit verfügbare Dienstleister.« Eine Tierärztin antwortet auf die Frage, ob sie den Beruf empfehlen würde mit den zugespitzten Worten: »Nein, nein und nochmals nein. Es reicht, dass ich mein Leben an das Bauernpack verschwendet habe.«

2.3 Würden die Befragten den Beruf wieder ergreifen?

Im Rahmen einer geschlossenen Frage wurde erhoben, inwieweit die Befragten ihren Beruf im Bereich »Nutztier« wieder wählen würden (vgl. Tabelle 6; S. 79; n=78).

	(1) Ich stimme voll und ganz zu	(2) Ich stimme zu	(3) Ich stimme eher zu	(4) Ich stimme eher nicht zu	(5) Ich stimme nicht zu	(6) Ich stimme überhaupt nicht zu	
S1: Ich würde mich wieder für eine veterinärmedizinische Laufbahn in einer Nutztierpraxis entscheiden.	41,03%	24,36%	11,54%	14,10%	3,85%	5,13%	Ø: 2,31 SD ± 1,48

Tabelle 6: Inwieweit würden die Teilnehmer·innen den Beruf wieder ergreifen

Die Antworten zeigen eine Tendenz, immerhin geben ca. 41% an, dass sie der Aussage »Ich würde mich wieder für eine veterinärmedizinische Laufbahn in einer Nutztierpraxis entscheiden« voll und ganz zustimmen, ca. 24% stimmen dieser Aussage zu, ca. 12% stimmen ihr eher zu. Damit sind gut Dreiviertel der Antworten im positiven Spektrum.

3 Geforderte Änderungen im Studium

Die Tierärzt·innen wurden gefragt, welche Themen und Fragen im veterinärmedizinischen Studium verstärkt eine Rolle spielen sollten, um angehende Nutztierpraktiker·innen adäquat auf ihren Beruf vorzubereiten (n=72). Alle folgenden Prozentangaben sind gerundet und sollen nur einen ungefähren, empirisch-basierten Eindruck über die Häufigkeit vermitteln. Nach der Auflistung werden beispielhafte Antworten für jede Kategorie genannt.

3.1 Forderung nach neuen Ausbildungsinhalten und Schwerpunkten

Die Topantwort ist Betriebswirtschaft. 45% der Befragten fordern, dass betriebswirtschaftliches Wissen in der veterinärmedizinischen Ausbildung eine größere Rolle spielen sollte. 35% nennen die Beschäftigung mit Fragen der Bestandsbetreuung bzw. einen Aspekt, der hier subsumiert werden kann. (Hierbei wird eine Haltungsfrage besonders häufig genannt: 14% kommen auf die besondere Bedeutung der Fütterung zu sprechen.) 29% wünschen sich allgemein eine praxisnähere Ausbildung. 22% votieren dafür, dass mehr landwirtschaftliches Wissen allgemein vermittelt werden sollte, und 18% fordern ein stärkeres Thematisieren von Tierschutz- und Tierwohlaspekten im Studium. Welche Inhalte wurden von den Teilnehmer·innen darüber hinaus gewünscht? Kommunikation (15%), Recht (14%), Praxisführung (12%), Psychologie (10%), Gesellschaftliches Setting (8%), Verbraucherschutz, Lebensmittel- und Ernährungssicherheit (7%), Resilienz (4%), Ethik (4%) und Umgang mit Medikamenten (4%).

Die Topantwort unter den Themen, die verstärkt im veterinärmedizinischen Studium eine Rolle spielen sollten, ist demnach »Betriebswirtschaft«. Es braucht eine »betriebswirtschaftliche Ausbildung«; »betriebswirtschaftliche Themen« sollten vermehrt unterrichtet werden: »Nur wer die Grundkenntnisse [in Betriebswirtschaft] hat, ist überhaupt in der Lage, eine Praxis zu übernehmen und zu führen ohne viel Geld zu verlieren.« Ein »ökonomisches Grundwissen (…) was die tierärztliche Praxis angeht« soll demnach die »Wirtschaftlichkeit in der

Tierarztpraxis« fördern und sicherstellen. Am zweithäufigsten wird das Thema der »Bestandsbetreuung« genannt: In der veterinärmedizinischen Ausbildung sollte ein »größerer Fokus auf Bestandsbetreuung« gelegt werden. Es fällt hierbei auch der Begriff »ITB« für »Integrierte tierärztliche Bestandsbetreuung«. Die tierärztlichen Kompetenzen, die man in der Ausbildung unterrichtet, sollte man »nicht beschränken auf das Kurieren von Krankheiten, sondern: Schwerpunkt auf Ursachenbekämpfung.« Ein Aspekt, der häufig genannt wird und hier subsumiert werden kann, ist der Bereich der »Fütterung«. Exemplarisch: Es braucht einen »Fokus auf (…) Fütterung«; unterrichtet werden sollte »praktische Tierernährung (nicht nur Tabellen und Zahlen!) und ihre Auswirkungen auf die Tiere«.

Allgemein kann festgehalten werden, dass sich die Befragten eine praxisnähere Ausbildung wünschen. Es braucht »insgesamt [eine] bessere fachliche praxisnahe Vorbereitung«; »Themen und Fragen sind Theorie. Es sollten während des Studiums viel mehr praktische Übungen/Praktika durchgeführt werden, ähnlich wie in der Humanmedizin.« Die Student·innen sollten »viel mehr praktische Fertigkeiten erlernen« und »mehr praktische Ausbildung am Tier und in den Betrieben« haben. Entsprechend werden immer wieder »Praktika«, »insgesamt mehr praktische Übungen« und »mehr Fachexkursionen« gefordert: »Es gibt einen riesigen Unterschied zwischen Universität und Praxis!«; »Da sich diese Themen und Fragen kaum in einer Vorlesung klären lassen, sollten grundsätzlich mehr Praktika gemacht und die Zeit dafür angeboten werden.« Diese Praktika sollten dabei explizit auf den Bereich »Nutztier« vorbereiten: »Die Pflichtpraktika im Rotationsjahr waren ganz klar auf den Schwerpunkt ›Kleintier‹ und ›Pferd‹ ausgerichtet (zeitliche Aufteilung), das sollte gleichwertig gestaltet werden.« Es braucht »einfach generell mehr Material, mehr Zeit in den Kliniken und nicht diese Randbehandlung wie momentan.« Ein Teilnehmer fordert ein »Pflichtpraktikum für alle Studenten vor dem Studium. Mindestens 4 Wochen inklusive Nacht und Notdienste.« Die Student·innen sollten hierbei auch das »Handling von Nutztieren« erlernen. Unterrichtet werden sollten »realistische Fälle« bzw. »konkrete Krankheitssymptome mit geeigneter Behandlung (für die Nutztierpraxis durchaus möglich, da nur wenige immer wiederkehrende Krankheiten und Behandlungen vorkommen – anders als in der

Kleintiermedizin)«. Eine Tierärztin votiert, dass hierbei »Möglichkeiten der Behandlung auf unterschiedlichem Niveau« unterrichtet werden sollen, also »nicht nur ›Gold-Standard‹, sondern auch kostengünstige Alternativen)«. Dieser Praxisbezug im Unterricht, so eine Idee, könnte z.B. dadurch gefördert werden, dass »Praktiker aktiv in die Ausbildung [einbezogen werden], statt nur die Lehrmeinung zu vermitteln.«

Darüber hinaus sollte im veterinärmedizinischen Studium landwirtschaftliches Wissen allgemein breiteren Raum einnehmen: Auch hier spielt das Thema »Ökonomie« eine entscheidende Rolle. Die Student·innen sollen die »Ökonomie der Landwirtschaft« verstehen und die »Ökonomie von Tierhaltungen, Kosten-Nutzenrechnungen aus Sicht des Tierhalters« nachvollziehen können; sie sollen »bessere Grundkenntnisse im Bereich Landwirtschaft und die finanziellen Möglichkeiten bzw. Grenzen« aufweisen. Aber nicht nur betriebswirtschaftliche Aspekte, auch »landwirtschaftliche Zusammenhänge« allgemein sollten verstärkt unterrichtet werden. Die Student·innen sollten »landwirtschaftliche Grundkenntnisse (Fütterung, Haltung, Melken)« vermittelt bekommen; sie brauchen »eine landwirtschaftliche Ausbildung (…), um die Produktionsabläufe zu verstehen.« Durch dieses Wissen können sie »die Alltagsprobleme eines landwirtschaftlichen Betriebes analysieren lernen und Antworten finden: ZZ, Fruchtbarkeit, Milchleistung, Lahmheiten …« Nicht nur das: Die »Situation der Landwirte sollte vermittelt werden, damit sich Tierärzte in ihr Gegenüber versetzen können und dadurch effektiver kommunizieren.« Eine Studienteilnehmerin schreibt hierzu allgemein:

> Es sollte ein Mix aus Landwirtschaft und Veterinärmedizin sein, da Erkrankungen nur im systemischen Zusammenhang verstehbar und lösbar sind. Prävention muss ein viel größerer Raum gegeben werden und das kann nur in der Produktion erfolgen. Es ist ebenfalls notwendig, ökonomisches Grundwissen sowohl was die tierärztliche Praxis angeht, als auch für den Bereich Landwirtschaft zu integrieren.

Auch Tierschutz- und Tierwohlaspekte werden als vertiefte Ausbildungsinhalte eingefordert. Hierbei werden durchaus unterschiedliche Stichworte genannt, diese aber in der Regel nicht näher erläutert:

»Tiergerechtigkeit«; »Umgang mit Tierschutzfragen – Beurteilung mehr üben«; »Tierschutz«; »Tierwohl«; »Artgerecht«; »Tiergesundheit als ganzheitlichen Zustand, nicht nur Abwesenheit von Krankheit«. Ein Teilnehmer schreibt, es sollte stärker vermittelt werden, »dass Tiere Leiden, Schmerzen zeigen und Emotionen haben!!!« Die Forderung nach »Kommunikation« als Ausbildungsinhalt im veterinärmedizinischen Curriculum erschöpft sich meist in diesem Stichwort. Wird es erläutert, heißt es, man sollte in der Ausbildung »effektiver kommunizieren« lernen, es braucht ein »Training in Kommunikation mit Besitzern«, man sollte die »kommunikativen Fähigkeiten stärken«, auch durch »Übungen in realen Situationen mit den Landwirten«. Der geforderte Ausbildungsinhalt »Recht« fordert u.a. eine stärkere Vermittlung von »Arbeitsrecht«, der »Gesetzeslage« allgemein oder auch von »rechtssicherem Handeln.« Unterrichtet werden soll der »Umgang mit juristischen Forderungen (was ist juristisch gefordert, was ist praktisch machbar, was ist sinnvoll?)«, der »rechtliche Rahmen: Betriebswirtschaftliche und arbeitsrechtliche Grundlagen« oder auch eine »Schulung in Rechtsfragen, besonders TÄHaV, Überwachung der Hausapotheke.«

Immer wieder genannt wird ein Unterricht mit Fokus auf »Praxisführung«. Nun kann darunter auch der bereits genannte Punkt »Betriebswirtschaft« verstanden werden, die Befragten kommen jedoch auch auf darüberhinausgehende Aspekte zu sprechen: Themen wie »Mitarbeiterführung«, »Kundenführung«, »Praxisgründung«, »Zeitmanagement«, »Stressmanagement«, »Organisatorische Themen«, »Projektarbeit« oder auch »Marketing« der Praxis tauchen hier auf. Interpretationsbedürftig ist die Forderung nach mehr »Psychologie« im veterinärmedizinischen Studium. Die Befragten erläutern den Terminus in aller Regel nicht; es erscheint jedoch plausibel, dass eine Erläuterung, die sich in den Antworten findet, durchaus typisch genannt werden kann: Mehr Psychologie im Studium soll dabei helfen, den »Tierhalter in seinen Zwängen erkennen«. Allgemein als These formuliert: »Psychologie« soll auf ein adäquates Verständnis und besseren Umgang mit Konflikten mit den Tierbesitzer·innen abzielen.

Auch genannt werden Themen, die das allgemeine »gesellschaftliche Setting« betreffen, in dem die Nutztierhaltung und der veterinärmedizinische Beruf gegenwärtig stattfinden. Die angehenden Tierärzt·innen sollten die »Ansichten der Gesellschaft« im Studium vermittelt bekommen und diskutieren; sie sollten »einige gesellschaftliche und politische Themen im Studium« unterrichtet bekommen, zum Beispiel sollte das »Lobbygeschehen wenigstens erwähnt« werden. Man kann derartige Forderungen zusammenfassen mit den Worten: Im Studium sollte auch das »große Ganze« zum Thema gemacht werden. Nutztierpraktiker·innen fordern ebenso mehr Ausbildungsinhalte zu den Themen »Verbraucherschutz« und »Lebensmittel- und Ernährungssicherheit«. Es gilt im Studium, so eine exemplarische Antwort, »das Bewusstsein zu stärken, wie wichtig die Rolle des Nutztierpraktikers in der Lebensmittelproduktion ist.« Unter der Förderung der »Resilienz« in der Ausbildung wird gefordert, dass die »Kritikfähigkeit, Resilienz« der Tierärzt·innen erhöht wird. Es braucht eine stärkere Vermittlung von Inhalten zu »Burn-out-Prophylaxe, Work-life-Balance, Selbstwahrnehmung, Supervision« und »Durchhaltevermögen«. Wo der Begriff »Ethik« in den Antworten auf die genannte Frage fällt, wird er nicht näher erläutert. Ähnlich verhält es sich mit der Forderung, dass der »Umgang mit Medikamenten« im Studium eine größere Rolle spielen sollte.

Neben den genannten Antworten wurden noch weitere Themen von einzelnen Teilnehmer·innen angesprochen, die sich nur bedingt unter die diskutierten Kategorien subsumieren lassen, die aber in der Darstellung der Resultate dennoch nicht ausgeblendet werden sollen: Es bräuchte im Studium ein »verpflichtendes Praktikum im Bereich Veterinärverwaltung/Amtstierärzte hinsichtlich Tierseuchenüberwachung usw.«; die angehenden Tierärzt·innen sollen Wissen vermittelt bekommen, damit sie »betriebsindividuelle Risikofaktoren für Krankheiten (Eutergesundehit, Stoffwechsel, Kälberkrankheiten) (…) erkennen« können; es sollte im Studium mehr um »Krankheitsökonomie«; »Fruchtbarkeit, (…) Klauenerkrankungen«; »Rationsberechnung, Ultraschall« gehen, oder auch um die Frage: »Was darf notgeschlachtet werden, was nicht.« Es braucht einen größeren »Fokus auf Prognosen, da dies eine zentrale Frage in der Praxis ist.« Es braucht mehr Wissensvermittlung zu »Schaf-, Ziegen- und Neuweltkameliden, Geflügel (Huhn, Ente) usw. als Einzeltiere, nicht als Bestandstiere.« Statt »Frontalunterricht« sollten »Sachverhalte in kleineren Gruppen« erarbeitet werden; schließlich sollten auch die Realitäten der Arbeitswelt im Studium angesprochen werden, etwa »der Preiskampf unter den Kollegen und die Unkollegialität.«

3.2 Ein eigenes Studium für die Sparte?

Im Kontext etwaiger Änderungen der veterinärmedizinischen Ausbildung wurden auch zwei grundsätzliche Fragen gestellt: Wie viel von dem Wissen aus dem Studium benötigen die Nutztierpraktiker·innen eigentlich in ihrem täglichen Beruf? Und inwieweit wäre ein eigenes Studium für die Nutztierpraxis ihres Erachtens sinnvoll? (Vgl. Tabelle 7, n=78)

	(1) Ich stimme voll und ganz zu	(2) Ich stimme zu	(3) Ich stimme eher zu	(4) Ich stimme eher nicht zu	(5) Ich stimme nicht zu	(6) Ich stimme überhaupt nicht zu	
S1: Von all dem Wissen, das ich während des veterinärmedizinischen Studiums im Bereich ›Nutztier‹ erworben habe, brauche ich im Grunde nur ein paar wenige Dinge in meinem jetzigen Berufsalltag.	10,26%	15,38%	24,36%	17,95%	26,92%	5,13%	Ø: 3,51 SD ± 1,43
S2: Es sollte ein spezielles Studium für Nutztierpraktiker·innen geben, das ihnen nur die relevanten Aspekte des späteren Berufsfelds näherbringt.	7,69%	20,51%	15,38%	15,38%	20,51%	20,51%	Ø: 3,82 SD ± 1,64

Tabelle 7: Inwieweit sollte es ein eigenes Nutztierpraxis-Studium geben

In den Kommentaren zum zweiten Statement zeigt sich eine Tendenz, nämlich, dass eine Spezialisierung im Studium durchaus positiv beurteilt, ein eigenes Studium hingegen kritisch gesehen wird:

Zumindest eine bessere Spezialisierung im späten Studium sollte möglich gemacht werden ähnlich dem Hannover oder Wiener Modell. Ich wusste von Anfang an, dass es Rinder werden und dann waren 10 Wochen Kleintier und Vögel eine lange Zeit. Tiefere Einblicke in Schlachthof und Lebensmittelhygiene wären für die Praxis (Stichwort Anlage 8 etc.) wichtiger gewesen.

Die Bedingungen in der Nutztierpraxis verändern sich rasant, es werden hochspezialisierte Praktiker gebraucht werden. Tierärzte, die alles abdecken, [sind zukünftig] eher die Ausnahme.

Im Studium müssen Landwirtschaft und Veterinärmedizin ganz eng verbunden werden.

Ich könnte mir gut einen Studienaufbau nach dem Baukastenprinzip vorstellen. Ein Basisstudium (meinetwegen ›Bachelor‹) für alle und dann zur Wahl einen ›Master‹ in Nutztiermedizin mit Lebensmittel, einen für Kleintier und einen für Pferd. Jedoch unter der Voraussetzung, dass es jederzeit die Möglichkeit gibt, im späteren Leben den Master für eine der anderen Tierarten nachzuholen, so dass man – je nachdem wie das Leben sich entwickelt – seinen Beruf gegebenenfalls anpassen kann.

Ich bin ein großer Freund der ungeteilten Approbation, aber dennoch muss der Nutztierbereich in den Unis präsenter werden. Es kann doch nicht sein, dass man im gesamten Studium (optionale Wahlpflichten ausgenommen) keine Rinderklaue sieht. Aber ein ganz separates Studium find ich nicht tragbar.

In den zitierten Antworten zeigt sich bereits, dass ein eigenes Studium kritisch gesehen wird, und dies aus mindestens zwei Gründen: aus pragmatischen (eine derartige Spezialisierung würde Student·innen auf eine Sparte festlegen) und aus grundsätzlichen (eine »omnipotente« Ausbildung ist notwendig und förderlich mit Blick auf die Qualität der veterinärmedizinischen Arbeit und ist Teil des Selbstverständnisses der Profession.)

Zur Frage, ob es ein spezielles Studium für Nutztierpraktiker geben sollte: Ich finde auf keinen Fall, dass man das Studium aufteilen sollte und die Absolventen so an eine bestimmte Berufsrichtung binden sollte, allerdings finde ich sehr wohl, dass man die Nutztiermedizin, vor Allem die Bestandsbetreuung, weiter ausbauen sollte im Studium. In Kopenhagen gab es ein Semester im letzten Jahr, in dem man sich in eine Richtung ›spezialisieren‹ konnte, ohne später daran gebunden zu sein. Dieses Vorgehen halte ich für sehr gut.

Ich finde es gut, im Studium auch allgemeine Kenntnisse im Kleintier- und Pferdebereich erlangt zu haben. Etwas mehr habe ich mir vom Wiederkäuer Modul versprochen. Dort hätte ich mir gewünscht mehr über Rationsberechnungen und TUs mit Ultraschall z.B. zu lernen.

Man muss als Student einen guten Grundstock vermittelt bekommen, warum und wie Dinge physiologisch passieren und ineinandergreifen. Danach kommt noch so viel Lernprozess, auf was auch immer man sich dann spezialisieren möchte. Man stellt fest, wenn man sich mit einer Sache gut auskennt, kann man die Parallelen zu den anderen ziehen und muss sich dann die tierartspezifischen Besonderheiten aneignen. Aber das Grundverständnis muss da sein!

Gut, dass man mit seinem Studium alles machen kann. Man weiß nie, wo es noch hingeht. Niemals zu früh spezialisieren.

Der Tierarzt muss weiter omnipotent ausgebildet werden!!!!!

Real doctors treat more than one species!!!!!

4 Was sollte sich in der Nutztierhaltung allgemein dringend ändern?

Die Tierärzt·innen wurden gefragt: »Wenn es Dinge gibt, die Ihrer Meinung nach in der gegenwärtigen Nutztierhaltung dringend geändert gehören – welche wären dies und warum?« Hierbei wurden sie explizit darauf hingewiesen, dass sich diese Frage allgemein auf die Nutztierhaltung bezieht, also nicht notwendiger auf das veterinärmedizinische Berufsfeld. Die Antworten (n=73) sind hierbei nur bedingt quantifizierbar, beispielsweise: So gut wie jeder Änderungswunsch lässt sich mittelbar als Wunsch nach besseren Bedingungen für die Tiere interpretieren.

4.1 Bessere Bedingungen für Tiere

Fast alle Antworten kreisen – ob explizit oder implizit – um die Forderung, dass es den Tieren besser ergehen soll. So wird gefordert:

> Mehr Kuhkomfort und mehr Verständnis für das natürliche Verhalten der Kühe. Die Kühe verdienen das Geld. So steht es ihnen zu, gesund zu sein. Und Gesundheit bedeutet das Freisein von jeglichen physischen und psychischen Gebrechen.

Oder: »Tiere sind keine Sache, sondern Lebewesen mit Seelen! Höchstes Tierwohl ist die Grundlage jeden wirtschaftlichen Erfolges!« Es braucht »mehr Tierwohl, mehr Tierschutz«, es braucht eine »Änderung der Einstellung zum Lebewesen als Lebensmittel.« Manche Antworten kommen hierbei gewissermaßen auf den Minimalkonsens zu sprechen, wenn sie die »Einhaltung des Tierschutzgesetzes« fordern bzw.: »Das Tierschutzgesetz ist endlich auch von der Politik einzuhalten ...« Wie gesagt lassen sich fast alle Antworten mittelbar auf bessere Bedingungen für die Tiere beziehen. Die Tierärzt·innen kommen jedoch auch auf konkrete Forderungen zu sprechen.

4.1.1 Anbindehaltung

Manche Befragte fordern ein Ende der Anbindehaltung (7%). Gemeint ist damit zumeist die permanente Anbindehaltung: Man sollte die »Anbindehaltung bei Kühen verbieten – weil sie nicht mehr zeitgemäß ist.« Es braucht ein »Verbot der ganzjährigen Anbindehaltung der Kühe.« Um hierfür auch ein längeres Zitat zu bringen:

> Die ganzjährige Anbindehaltung von Kühen muss dringend verboten werden. Ich habe zwei Jahre in Rheinland-Pfalz in Betrieben mit ganzjähriger Anbindehaltung gearbeitet. Diese Haltungsform habe ich moralisch und psychisch nicht ertragen. Ich habe mich für das Verbot eingesetzt. Dass die Bundesratsinitiative für das Verbot von Landwirtschaftsminister Christian Schmidt einfach vom Tisch gefegt wurde, hat mir das Herz gebrochen. Auch wenn es nicht die Masse der Kühe in Deutschland betrifft, ertrage ich den Gedanken an jede einzelne Kuh nicht, die lebenslang (u.U. 15 Jahre lang!) 365 Tage im Jahr auf 2 Quadratmetern an einer Kette in einem alten dunklen muffigen Stall stehen muss, ohne sich nach ihrem Kalb umdrehen zu können, das jährlich hinten aus ihr herauskommt.

4.1.2 Bestandsgrößen

Die Befragten kommen auf die Bestandgrößen der landwirtschaftlichen Betriebe zu sprechen (7%): »Dringend nötig [ist] eine Obergrenze der Anzahl, wie viele Tiere ein Betrieb halten darf.« Es braucht eine »Verminderung der Tierkonzentrationen in der Massentierhaltung zu ökologisch sinnvolleren Einheiten. Bei steigenden Produktpreisen geht das dann auch ökonomisch für die Betriebe.« Gefordert wird von einem Teilnehmer die »Kopplung der Tierzahl an die Grundfläche der Betriebe.« In einer weiteren Antwort steht zu lesen: Die »Tierhaltung muss an landwirtschaftliche Fläche gebunden sein.«

4.1.3 Kastration und Enthornen

Die Befragten wünschen sich tiergerechtere Lösungen für Eingriffe wie Kastration oder Enthornen (7%). Man sollte »schleunigst die betäubungslosen Eingriffe an Tieren wie bspw. Ferkelkastration, Enthornen usw. verbieten.« Die »Enthornung von Kälbern ohne Betäubung« sollte verboten werden. Eine Tierärztin fordert, dass die Enthornung »nur durch (den) Tierarzt« vorgenommen werden sollte. In einer weiteren Antwort steht zu lesen: »Keine chirurgische Ferkelkastration mehr.«

4.1.4 Sonstiges

Weitere Nennungen betreffen mehr Platz für Tiere: Man sollte den »Platzbedarf im Schweinebereich (Ferkelaufzucht und Mast) erhöhen – da die Tiere Platz zum Toben und Spielen brauchen.« Die »Überbelegung in Laufställen« ist problematisch. Genannt wurde auch ein notwendiges Verbot von »Kükenschreddern« und auch die Forderung nach »weniger Ammoniak«:

> [Notwendig ist es] in der Schweine- und Rinderhaltung den Ammoniakgehalt zu reduzieren, [ich] gehe nur noch mit einem automatischen Messgerät (PAC 7000) in den Stall, sollte flächendeckend eingesetzt werden, um zu zeigen, dass sich insbesondere Mastschweine permanent in einem Zellgiftsee bewegen.

4.2 Veränderung der Landwirtschaft insgesamt

Darüber hinaus wünschen sich die Teilnehmer·innen grundsätzlich notwendige Veränderungen des landwirtschaftlichen Sektors insgesamt. Diese werden unterschiedlich beschrieben. Ein Tierarzt fordert etwa: »Die industrielle Tierhaltung, in der es ausschließlich um wirtschaftliche Interessen geht, sollte abgeschafft werden.« Eine andere Antwort wünscht sich »mehr regionale Vermarktung«. Es kommen auch konkrete Vorschläge wie: »Nutztiere sollten nur noch mit Futtermitteln gefüttert werden, die der Landwirt auf seinem eigenen Grund und Boden erzeugt hat. Das würde viele Probleme lösen.« Eine weitere Forderung lautet:

> Der Trend, dass nur noch große Betriebe ökonomisch arbeiten und kleine Betriebe aufgeben müssen, muss unbedingt gestoppt

> werden. Ich glaube, dass wir damit sonst auch einen Teil unseres Kulturgutes verlieren.

Die genannten Zitate sind Beispiele. Jene Veränderungswünsche, die besonders häufig genannt wurden, werden im Folgenden diskutiert.

4.2.1 Ökonomische Umstrukturierung der Nutztierhaltung

Die Befragten kommen immer wieder auf Aspekte zu sprechen, die eine notwendige ökonomische Umstrukturierung des landwirtschaftlichen Sektors betreffen (34%). Hierbei werden verschiedene Akteur·innen adressiert.

(a) Verbraucher·innen

Die Rolle der Verbraucher·innen im gesamten System wird betont – und kritisch gesehen: Diese fordern zwar eine andere Art und Weise der Landwirtschaft ein, sind aber nicht bereit, einen entsprechenden Preis für die Lebensmittel zu bezahlen. Die »Verbraucher sollten für ihre Forderungen auch bezahlen wollen.« Es braucht

> … ein angemessenes Bewusstsein der Bevölkerung für das Endprodukt und eine zurückkehrende Wertschätzung eines hochwertigen Lebensmittels. Es kann doch nicht sein, dass Milch im Supermarkt günstiger ist als Wasser. Bevor das nicht passiert ist, kann sich meiner Meinung nach in der Landwirtschaft auch nicht viel ändern.

> Es wäre notwendig, die Nutztierhaltung der Bevölkerung näher zu bringen, damit mehr Menschen bereit sind die entsprechenden Preise für tierische Produkte zu bezahlen und weniger Tiere gehalten werden können. Bei uns in Thüringen ein großer Aspekt der Rinder- und Schafhaltung ist die Erhaltung der Kulturlandschaft, das wertschätzen nicht mal die Bewohner unserer ländlichen Gegend.

Grundsätzlich: »Der Wert der Lebensmittel muss mehr geachtet werden.« Dringend notwendig ist eine »bessere Bezahlung der Landwirte um ein Vorankommen zu ermöglichen. In aller Regel kosten Verbesserungen Geld, die der Verbraucher nicht bereit ist zu zahlen, damit stagniert das System.« Es braucht also »mehr Wertschätzung, auch monetär, für tierische Produkte. Dann würde alles andere von alleine kommen.«

(b) Landwirt·innen

In diesem Kontext werden Landwirt·innen vor allem als Akteur·innen beschrieben, auf denen großer finanzieller Druck lastet und die deswegen kaum Handlungsspielraum haben: Es braucht »höhere Erträge für Erzeuger.« Der »wirtschaftliche Druck auf die Betriebe ist zu groß, bei wachstumswilligen Betrieben ist das Verhältnis Investitionssumme und potentieller Gewinn/Rendite aus dem Ruder gelaufen!« Man muss die »Bezahlung der Landwirte deutlich verbessern«. Wenn mehr Geld für Nahrungsmittel ausgegeben wird, dann sollte dies unbedingt den finanziellen Spielraum der Landwirt·innen erhöhen: »Dieser Mehrbetrag sollte den Landwirten direkt zu Gute kommen und nicht in großen Handelsunternehmen verschwinden.« Denn: »Wenn die Landwirte mehr Geld für ihre Ware bekommen, kümmern sich 99% automatisch um bessere Bedingungen in ihren Ställen.«

(c) Handel

Der Handel wird ähnlich thematisiert wie die Rolle der Verbraucher·innen: Seine Bedeutung wird betont und sein Agieren kritisiert. Der »Lebensmitteleinzelhandel [LEH] muss mit ins Boot genommen werden, er darf nicht bestimmen. Die Preise für die Erzeugnisse müssen höher werden.« Grundsätzlich existieren »zu große Abhängigkeiten der Tierhalter von Fleischwirtschaft, Molkereien, LEH«. Der »Einzelhandel darf nicht so mächtig sein und die Preise für Milch und Fleisch so stark drücken.«

(d) Politik

Manche Forderungen einer finanziellen Umstrukturierung betreffen auch die Politik. Eine Tierärztin fordert beispielsweise eine »bessere Bezahlung des Endprodukts durch den Verbraucher. Notfalls staatlich durchgesetzt.« Ein anderer Teilnehmer wünscht sich eine »planbare

Landwirtschaft nach tatsächlichem Bedarf und mit garantierten Abnahmepreisen.« Wünschenswert wären »weniger Importe von landwirtschaftlichen Erzeugnissen« oder auch, dass »regionale Produkte mit kürzeren Wegen mehr [ge]förder[t]« werden. Grundsätzlich formuliert:

> Die Gesellschaft und die Politik müssen sagen, welche Nutztierhaltung sie haben wollen, müssen die Förderrichtlinien und die Ausbildung der Landwirte entsprechend ändern und die landwirtschaftlichen Produkte endlich so bezahlen, dass Familienbetriebe davon gut leben können.

4.2.2 Verbessertes Kontrollsystem

Mehrere Antworten (15%) lassen sich unter der Kategorie »verbessertes Kontrollsystem« zusammenfassen. Was wird gefordert? Mehr Kontrollen, strengere Kontrollen, unangemeldete Kontrollen und andere Kontrollinstanzen. Grundsätzlich braucht es »mehr Kontrollen«, denn: »Vermehrte Kontrollen staatlicher Organe würden sicher viel zum Tierwohl beitragen, wird aber leider viel zu selten gemacht!« Wünschenswert wären »engmaschigere Kontrollen von landwirtschaftlichen Betrieben und auch Hobbyhaltungen durch die zuständigen Behörden, besonders bei bereits bekannten Verstößen. In unserer Region werden Rinderhaltungen im Schnitt alle 10 Jahre kontrolliert.« Gerade »Tierwohlkriterien müssen viel stärker und motivierter kontrolliert werden.« Es braucht »Kontrollen, die diesen Namen verdienen, und nicht nur Papier prüfen, insbesondere auch in den Schlachtstätten und dem Viehhandel.« Es braucht »unangemeldete Bestandskontrollen durch das Veterinäramt (insbes. Kälberhaltung, Überbelegung).« In diesen Zitaten wurde bereits angesprochen, dass sich die Teilnehmer·innen mehr Kontrollen durch staatliche, als unabhängig wahrgenommene Instanzen wünschen. Dieser Wunsch wird in manchen Forderungen auch explizit:

> Weg mit QS, QM und wie sie alle heißen. Wir brauchen eine klare 1x jährliche Kontrolle durch das zuständige Veterinäramt. 4h vorher Anmeldung ist meines Erachtens ausreichend um die großen

> Bösewichte dennoch zu erwischen. Die Praktiker können diese Kontrollen nicht übernehmen und sonstigen Kontrolleuren fehlt das Wissen zum Tierschutzgesetz.

Auch die Kontrollen der »Bio-Landwirtschaft« werden hier von einer Teilnehmerin thematisiert:

> Bio gehört staatlich und vor allem unabhängig kontrolliert und nicht von Verbänden, die von der Zertifizierung und den Kontrollen leben. Ich kenne persönlich mehr katastrophale Biohaltungen als konservative[8].

4.2.3 Verbesserte Ausbildung in der Landwirtschaft mit Fokus auf Tierwohl

Die Befragten wünschen sich eine verbesserte Ausbildung der Landwirt·innen mit besonderem Fokus auf Aspekte rund um Tierwohl (14%). Gefordert wird grundsätzlich eine »bessere Ausbildung der Landwirte.« Beispielsweise, so eine Antwort, gilt es Folgendes zu kritisieren: »Die Ausbildung der jungen Landwirte ist viel zu sehr von ökonomischen Zielen geprägt.« Was fehlt? Es braucht eine »bessere Ausbildung der hauptberuflichen Landwirte mit der Verpflichtung zur regelmäßigen Fortbildung in den Bereichen Haltung, Fütterung und Tierschutz/Tierwohl.« Die »Ausbildung derer, die mit Nutztieren zu tun haben, sollte verbessert werden.« Das »Know How von Landwirten in Bezug auf Krankheitsvermeidung sollte überprüft werden.« Gefordert wird ein »Sachkundenachweis für Landwirte«. Grundsätzlich: »Nutztiere sollten generell einen höheren Stellenwert bekommen und die Landwirte darüber informiert werden, wie man die Haltung optimieren kann, um die alten Stallsysteme durch neue zu ersetzen.« Auch die Generationenfrage wird hier von einem Tierarzt angesprochen: In »der Landwirtschaft sollte es gerade bei der älteren Generation mehr Verständnis für die Forderung der jüngeren nach mehr Tierwohl und Tierschutz geben.«

---

[8] Es ist zu vermuten, dass hier statt »konservative« »konventionelle« gemeint war.

4.2.4 Weg von der Leistungsoptimierung

Die Tierärzt·innen kommen auf ein grundsätzliches Umdenken zu sprechen, das ihres Erachtens notwendig ist. Sie fordern ein kritisches Hinterfragen des Leistungsdenkens im Sinne eines »Schneller, weiter, höher, mehr«. (12%). Was meinen sie damit? Grundsätzlich geht es darum, »das Streben zu höher, schneller, weiter, sprich: mehr Leistung (…) [zu unterbinden]«. Man sollte »aufhören, ständig, nach mehr und Größerem zu streben!« Wird diese Forderung konkretisiert, geht es um die eingeforderte und gezüchtete Leistung der Tiere: »Weg von immer höheren Milchleistungen.« Die »Leistungsgrenze der Tiere ist überschritten, die Zuchten müssen wieder mehr auf Robustheit ausgerichtet sein. 15000 l Milch und 40 Ferkel pro Sau/Jahr sind nicht das Ziel.« Es braucht eine »Abkehr von schwierigen Zuchtzielen: extreme Leistung bedeutet auch extreme Anfälligkeit gegen vielfältige Faktoren.« Dieser Gedanke taucht wiederholt auf: Die »zu starke Fokussierung der Zucht auf Leistung« ist problematisch, da »dadurch Produktionserkrankungen (entstehen)«. Hierzu ein längeres Zitat:

> Die Leistung der Tiere (Milch- und Mast) muss sinken, da die Stoffwechselbelastungen extrem hoch sind. Landwirte können die Ansprüche an Fütterung und Haltungsbedingungen oft nicht erfüllen bzw. sind [diese] gar nicht erfüllbar und in der Folge kommt es zu Krankheit und Leiden der Tiere. Es muss sich die Erkenntnis durchsetzen, dass Tiere, die keine Spitzenleistungen erbringen, deutlich leichter gesund zu halten sind, auch wenn das Umfeld und die Fütterung nicht optimal sind. [Das] Umdenken muss in den Köpfen der Landwirte anfangen, die leider von ihren Beratern immer noch zu sehr auf eine Leistungssteigerung ›geeicht‹ werden. Mehr Tiere und höhere Leistungen sind von der überwiegenden Zahl der Landwirte nicht zu bewältigen, und diese Fehleinschätzung der eigenen Fähigkeiten führt zu vielen gesundheitlichen Problemen und damit verbundenem Tierleid.

In diesem Kontext wird auch die Rolle der Zucht wiederholt betont:

> Es müsste eine viel stärkere Einflussnahme zum einen auf die Tiergenetik erfolgen. Leistungszahlen der Tiere müssten beachtet wer-

den, ein Zuviel als stetig determinierte Überforderung des Tieres verhindert werden.

Ein Tierarzt sieht hierbei jedoch grundsätzlich eine positive Entwicklung:

> Vor einigen Jahren zählte nur die Leistung des Tieres, mittlerweile sind Themen wie Wohlbefinden, Lebensgesundheit doch schon in vielen Ställen angekommen. Die Turbokuh ist ein Auslaufmodell.

4.2.5 Weitere Forderungen

Die Befragten kommen noch auf weitere Forderungen und notwendige Änderungen zu sprechen, so braucht es aus Sicht mancher Teilnehmer·innen eine Änderung der Subventionspolitik (8%): Notwendig ist eine »Neuordnung der EU-Agrarsubventionen«. Hier kommen auch konkrete Vorschläge: Man sollte »Subventionen streichen, wenn Verstöße.« Oder auch: »Je größer der Betrieb oder der geplante Stall, desto mehr Subventionen gibt es – die kleinen Betriebe bleiben auf der Strecke.« Demnach wird gefordert: »Förderung von Größe sollte abgeschafft werden.« Ob gefördert wird und wie hoch diese Förderung ausfällt, so eine Antwort, sollte abhängig gemacht werden von »verfügbarem Betreuungspersonal, Ausbildungsstand, Grad der Technisierung, Alter/Zustand der Gebäude.« Auch braucht es in der Landwirtschaft dringend einen Bürokratieabbau (8%): »Das Tier muss im Vordergrund stehen und nicht die Dokumentation von Vorgängen.« Man sollte die »sinnlosen Dokumentationen abschaffen.« Es gibt »zu viel Bürokratie!!! Irrsinnige Vorschriften und Gesetze.« Entsprechend wird gefordert: »Bürokratie muss abgebaut werden!« Oder auch:

> Dringend die Aufzeichnungen, Listen und Maßnahmenpläne reduzieren. Die Zeit, die Tierärzte und Landwirte inzwischen mit Büroarbeit verbringen müssen, hilft keinem Tier weiter. Diese Zeit könnte effektiver im Stall genutzt werden.

Wenn es schon Vorgaben braucht, dann sollten diese praxisnäher und adäquater sein (7%):

> Die gesetzlichen Vorgaben sollten praxisnah erprobt werden. Aktuell ist es einfach nur ein riesiger Papiertiger, der zwar den Politikern Nachweise erbringt und somit Argumentationsgrundlagen schafft, in der Praxis jedoch wenig verändert.

Man sollte »90% der Vorschriften einfach streichen.« In der Umsetzung der Vorgaben braucht es »Augenmaß (…), keine 1:1 Umsetzung der Gesetzestexte.« Die Vorlagen sollten auch nicht ständig geändert werden: Es braucht

> … klare gesetzliche Regelungen mit Bestand, und nicht alle halbe Jahre eine neue Sau durchs Dorf treiben. Z.B. Kastration, kupieren, Enthornen, Haltungsformen, Silolagerstätten (…). Gesetzliche Vorgaben in den letzten Jahren führten in der Landwirtschaft und auch im Schlachtwesen zur Vernichtung der bäuerlichen Landwirtschaft und der regionalen Schlachtstätten, da die anteiligen Kosten pro Tier ein Vielfaches im Vergleich zur Industrie betragen, daraus folgend müssen bessere Förderkonzepte aufgelegt werden.

Teilnehmer·innen fordern auch die Reduzierung bzw. ein Verbot bestimmter Tiertransporte (5%): Man sollte »Schlachttiertransporte unterbinden«. Die »Tiertransporte/Tierexporte sollten vermindert werden, dafür sollten Tiere regional gehalten/gemästet werden«. Es braucht Änderungen bei den »langen Kälbertransporten von Bayern nach Norddeutschland, da die Tiere wahnsinnigem Stress ausgesetzt sind und dadurch auch vermehrt erkranken.« Gefordert wird: »Keine Langstreckentransporte mehr, an deren Ende eine Schlachtung steht. Transportieren kann man Fleisch.«

Schließlich werden vereinzelt auch konkrete Forderungen gestellt, die sich nur bedingt in letzter Klarheit einer Kategorie zuordnen lassen, so sollen etwa die »Kosten der Tierkörperbeseitigung (…) von der TSK übernommen werden«. Es braucht eine »ANZEIGEPFLICHT für Tierärzte bei Tierschutzverstößen (dies würde einen viel stärkeren

Hebel bedeuten und den Tierarzt, der Tierwohl und Tierschutz anmahnt, nicht zum ›Nestbeschmutzer‹ werden lassen, der sich womöglich um seine Existenz bringt).« Eine Teilnehmerin wünscht sich ein »striktes Vorgehen gegen sogenannte ›Autobahntierärzte‹, die nur billig Medikamente ausliefern, ohne die Betriebe regelmäßig zu besuchen, und den niedergelassenen Kollegen die Kunden wegnehmen.« Ein Tierarzt spricht die BHV-1 Verordnung an und hält fest: Das »Keulen eines ganzen Bestandes und vor allem hochtragender Tiere wegen eines einzigen positiven Tieres ist unverantwortlich.« Gefordert wird die »Erfassung von Abgangsdaten/-Ursachen von Betrieben in TKBA«, die »flächendeckende verpflichtende Meldung aller Tierhaltungen bei der zuständigen Veterinärbehörde und der zuständigen Tierseuchenkasse, notfalls auch mit Bestrafungen bei Nichtbeachtung/Nichtmeldung.« Auch braucht es »gesetzliche Regelungen bei Krankheit/Vertretung von Tierärzten und Landwirten.« Schließlich kommen die Befragten auch auf Änderungen zu sprechen, die die Nutztierpraktiker·innen selbst betreffen. Genannt wird hierbei: Der »total irrsinnige Umgang mit Medikamenten in Bezug auf Dosierungen und Indikationen muss sich ändern.« Es braucht einen »restriktiven Einsatz von Medikationen, nur unter konkreter Diagnosestellung.« Tierärzt·innen sollten »kein Antibiotikum« wie auch »kein PDF an Landwirte abgeben«. Grundsätzlich braucht es ein »besseres Miteinander der Kollegen, so dass man einheitliche Preise fährt und den Landwirt besser zur optimalen Tierhaltung überreden kann, ohne dass er gleich den Tierarzt wechselt«. Die »Tierschutzbelange sollten uns Tierärzte auch dann interessieren, wenn sie nicht gesetzlich vorgegeben sind. Wir können und wir schaffen das!!!!«

4.3 Veränderung der öffentlichen Debatte

Es sind nicht nur konkrete Praktiken, die sich aus Sicht der Studienteilnehmer·innen ändern sollten – auch die öffentliche Debatte über die Nutztierhaltung sollte sich wandeln (18%). Die »öffentliche Diskussion muss mehr wissen-/faktenbasierter werden! Dafür muss sich die Schulbildung ändern …« Es »dürfen keine Ideologien verfolgt werden, sondern der wissenschaftliche Sachverstand muss an erster Stelle stehen.« Erhofft und gefordert wird eine höhere Akzeptanz: Es braucht eine »Akzeptanz der Bevölkerung für die lebensnotwendigen Dinge wie Nahrung und Unterkunft, Kleidung und Liebesleben.« Die »Akzeptanz der Landwirtschaft allgemein sowie die Anerkennung der großartigen Leistung unserer Lebensmittelproduzenten muss verbessert werden.« Wie das erreicht werden könnte? Unter anderem durch eine stärkere Öffentlichkeitsarbeit, die die Gesellschaft über die Realitäten in der Landwirtschaft informiert: Man muss die »Öffentlichkeitsarbeit vorantreiben (und) Verbraucher bewusst über moderne Systeme aufklären.«

> [Eine] wirkungsvolle und gemeinschaftliche Öffentlichkeitsarbeit wäre toll, um ein realistisches Bild der landwirtschaftlichen Tierhaltung zu vermitteln. Viele Leute, mit denen ich diskutiere, vermenschlichen, emotionalisieren und haben keine Vorstellung, warum was gemacht wird auf einem Betrieb. Die Meinung, dass Antibiotika und Hormone als Masthilfsmittel eingesetzt werden, Sauen ihr komplettes Leben im Kastenstand verbringen etc. sind noch extrem weit verbreitet. Der Landwirt wird oft als seelenloser Tierquäler verunglimpft ... Die Landwirtschaft hat hier viel nachzuholen und müsste viel mehr an einem Strang ziehen. Außerdem müssen die doch immer wieder mal vereinzelt vorkommenden ›Skandalbetriebe‹ viel früher zur Rechenschaft gezogen werden und nicht erst über die Presse bekannt werden.

Man »müsste den Verbraucher wesentlich besser über die Arbeit eines Nutztierhalters aufklären.« Der »Verbraucher sollte verstehen, warum wir was wie machen und für gute Ware auch mehr bezahlen.« Ein Tierarzt berichtet hierzu:

> Ich arbeite in einer Gegend mit einer durchweg guten tierfreundlichen Nutztierhaltung. Das ist nicht überall so. Das Positive wird aber von der Gesellschaft nicht wahrgenommen. Wir haben vermutlich die besten Standards in der Welt, das sollten wir auch zu schätzen wissen.

Eine Antwort stellt hierbei die These auf:

Ich glaube, die gegenwärtige Diskussion wird von einer Minderheit bestimmt. Man sieht das u.a. daran, dass z.B. der Fleischverbrauch nur gering zurück geht. Leider traut sich kaum jemand der Betroffenen (Landwirte, Tierärzte und Politik) dagegen vernünftig Stellung zu beziehen. Die Fronten sind total verhärtet. Die Nutztierhaltung wird in absehbarer Zeit aus Deutschland verschwinden.

5 Wünsche an die tierärztliche Standesvertretung

Im Rahmen der Erhebung wurden die Veterinärmediziner·innen auch gefragt, was sie sich von der tierärztlichen Standesvertretung wünschen (n=65). Die Topantworten fordern eine professionelle Lobbyarbeit, die im Besonderen auf die politischen Debatten einwirkt, mehr Öffentlichkeitsarbeit, die die Gesellschaft adressiert sowie einen Einsatz für bessere Arbeitsbedingungen.

5.1 Professionelles Lobbying und bessere Öffentlichkeitsarbeit

Die Standesvertretung soll durch professionelle Lobbyarbeit auf die politischen Debatten einwirken (25%): Es braucht »mehr Lobbyarbeit« und »mehr Einfluss auf Gesetzgeber, Kompetenz und Praxisnähe bei der Gesetzgebung.« Die Standesvertretung sollte »klare Positionen zur Politik von Verbraucherwünschen beziehen.« Gefordert wird eine »bessere, vehementere und druckvollere Vertretung der tierärztlichen Interessen gegenüber der Politik, Stichwort TÄHaV.« Ausführlichere Antworten hierzu lauten:

> [Der] wissenschaftliche Sachverstand muss an die Politik herangetragen werden. Und zwar schneller ... Die Ideologen, NGOs und Medien dürfen nicht als erstes auf Missstände aufmerksam machen. Wir als Tierärzte, Anwälte der Tiere, mit unserem Sachverstand müssen gehört werden.

> [Es braucht] mehr Fachwissen und sachliche Diskussion im Themenfeld der Nutztiermedizin. Damit einhergehend mehr Konstruktivität und Zusammenhalt. Sonst wird uns in Zukunft nicht nur die Narkose bei der Ferkelkastration aus der Hand genommen.

> Lassen wir uns nicht von Politik, Zeitgeist, Medien und Wirtschaft diktieren. Wir haben Tiermedizin studiert, sind somit hauptberuflich Tierschützer und keine Spinner, die sich von selbsternannten Fachleuten was sagen lassen müssen. Wir können ent-

scheiden, was richtig ist und was nicht, wann es ums Tier geht und wann es gilt, Grenzen zu setzen.

> [Es braucht] energischeres Auftreten. Vielleicht sollten wir uns ein Beispiel an den Franzosen nehmen – wenn es nicht läuft wie gewollt, brennen Mülltonnen. Ich finde die Tierärzteschaft zu schlaff und zu sehr in ermüdende Gespräche vertieft. Und ich bin entsetzt, wie wenig unsere Meinung gehört und ernst genommen wird (siehe Ferkelkastration).

Für diese Art der Lobbyarbeit benötigt es »deutlich mehr (...) Standhaftigkeit (z.B. gerade im Fall der Blauzungenerkrankung, Ferkelkastration ...)« und »mehr Stimmgewalt in politischen und öffentlichen Gremien.« Wir, die Tierärzt·innen, »sollten uns mehr in gesellschaftliche Diskussionen einbringen, eine professionelle Lobbyarbeit fehlt, durchgeführt von Profis und nicht von ehrenamtlichen Teilzeitstandespolitikern ...« Besonders groß ist – wie bereits angesprochen – der Wunsch nach einem Einwirken auf die Gesetzgebungsprozesse: Es braucht »praktikable Lösungen: Arbeiten ohne gegen Gesetze verstoßen zu müssen«; es sollten »keine Gesetze verfasst werden, die unsere Arbeit erschweren!« Es fehlt an einer »Überprüfung von Sinnhaftigkeit der Vorgaben in jede Richtung.« Die Forderung nach mehr Einflussnahme wird in einer Antwort auch mit Blick auf das Studium konkretisiert:

> [Es gilt] politischen Druck auf die Zulassungsbehörden aus(zu)üben, damit die Zulassungsbedingungen für das Tiermedizinstudium verbessert werden. Nur ein praktisch arbeitender Tierarzt mit Herz wird auch ein guter Tierarzt, der sich auch um das Wohl der Tiere kümmert, werden. Und das ist unabhängig von jeglicher Abiturnote!!!!

Die oben genannten Antworten fokussieren auf die politische Debatte, ergänzend wird aber auch grundsätzlich mehr Öffentlichkeitsarbeit gefordert, also eine Kommunikation über die tierärztlichen Interessen wie Expertisen, mit der gesamten Gesellschaft (18%). Es soll »mehr Präsenz in den Medien« stattfinden und eine »bessere Verbraucheraufklärung« geleistet werden. Die Öffentlichkeitsarbeit soll Folgendes klarmachen: »Der Nutztierpraktiker ist kein Handlanger der Pharmaindustrie, Bauernmafia, Fleischindustrie ...« Der Beruf soll grundsätzlich »nach außen« dargestellt werden, damit die Gesellschaft versteht, was Veterinärmediziner·innen in dieser Sparte leisten. Es braucht eine »tatsächliche Darstellung ›wie der Beruf heute funktioniert‹.« Hierbei müssen auch die Veränderungen zur Vergangenheit kommuniziert werden, etwa: Wir »können nicht mehr jedes Tier selbst behandeln (zu großer Radius, Arbeitszeitgesetz).«

Die Standesvertretung soll sich darüber hinaus für bessere Arbeitsbedingungen einsetzen (11%). Dieser Punkt kann auch als Konkretisierung vom erstgenannten Aspekt (Lobbyarbeit mit Blick auf politische Debatten) verstanden werden, wurde allerdings so häufig genannt, dass er an dieser Stelle speziell erläutert wird: Es braucht eine »attraktivere Gestaltung der Arbeitsplätze« und »Regelungen für Arbeitstaggestaltung/Notdienste«, man muss die »Gebührenordnung für Tierärzte (GOT) anpassen, sodass auch die Angestellten ordentlich für diesen Job entlohnt werden können«; die Standesvertretung soll sich »für eine neue GOT einsetzen. Für einen rundum Bereitschaftsdienst brauchen wir das nötige Personal, aber das geht nur bei entsprechender Bezahlung und Freizeitausgleich«; es braucht »familientaugliche Arbeitszeiten (Schichtdienst) und Bezahlung (Akademikerniveau)«. Mit Blick auf die »Arbeitszeitsituation in den Praxen« braucht es darüber hinaus eine »Vereinheitlichung«. Eine Teilnehmerin weist hierbei darauf hin, dass sich die Standesvertretung mehr für die Assistent·innen einsetzen sollte.

> [Es braucht die] Vertretung auch der Assistenten, nicht nur der Praxisinhaber! Ich bin aus diesen Gründen aus dem bpt ausgetreten – ich kann es nicht mehr hören, dass man lamentiert, warum keiner mehr Großtierpraxis machen will, aber es nicht mal schafft, den jungen Tierärzten annähernd normale Arbeitsbedingungen zu bieten! An freiwillige Gehaltsvorgaben hält sich doch keiner. Und solange die Tiermedizin ein quasi rechtsfreier Raum ist, wird der Beruf für junge Leute nicht interessant sein! Der bpt macht Umfragen, dass viele Assistenten nicht mal den gesetzlichen Mindestlohn verdienen – als Akademiker!!! Und was erfolgt als Schluss-

> folgerung aus so einer Studie?! Hat sich irgendwas verändert? Nein! Da diskutiert man lieber drüber, dass man die Tierärzte aus den Arbeitszeitgesetzen rausnehmen sollte, weil sich sonst eine Praxis nicht mehr managen lässt (verdienen denn die Inhaber so wenig, dass sie sich anständige Arbeitsbedingungen nicht leisten können?! Gewiss nicht!). Wer hält sich denn an die Arbeits(zeit)gesetze?! Fragt man hier Assistenten, wird das keiner bejahen. So schafft man sich unzufriedene, unmotivierte (weil hoffnungslos überarbeitete), übermüdete Mitarbeiter – die nach einer gewissen Zeit das Handtuch schmeißen. Adieu Tiermedizin – diese einst motivierten Leute hocken dann im Callcenter oder an einer Supermarktkasse.

Ein weiterer Wunsch lautet, dass sich die Standesvertretung klarer von der Landwirtschaft abgrenzen sollte (6%).

> [Es braucht eine] deutliche Abgrenzung von den Standesvertretungen der Landwirtschaft. Solange dort weiter der Fokus auf Leistungssteigerungen gelegt wird (und das ist immer noch der Fall) und nicht eine Rückbesinnung auf leistbare Anforderungen an Tiere erfolgt, wären Tierärzte tatsächlich nur Komplizen in einem falschen System. Darüber hinaus kann und darf es nicht die Aufgabe der Tierärzte sein, durch ausgeklügelte Hormonprogramme oder illegale Medikation (Insulin bei Kühen) oder den unkritischen Einsatz von Antibiotika eine weitere Leistungssteigerung zu forcieren bzw. zu unterstützen.

Die Standesvertretung sollte daher »Stärke gegenüber der Landwirtschaft (…) beweisen, wenn eine längst überfällige Gebührenordnung immer wieder auf die lange Bank verschoben wird.« Die Vertretung sollte »Dinge aus der Sicht des Tierarztes beurteilen, nicht der Landwirtschaft ›einen Gefallen tun‹.«

Gefordert wird ebenso, dass die Standesvertretung (mehr) Praxisnähe zeigt (6%). Sie sollte »mehr praktische Erfahrung [haben]. Nein, überhaupt praktische Erfahrung.« Auch soll sie zur Entbürokratisierung beitragen (6%). Exemplarisch: Die Standesvertretung soll »mehr Einsatz im Kampf gegen das Bürokratiemonster!!!« zeigen. Darüber hinaus sollten die Standesvertreter·innen stärker die »Sonderrolle« der

Nutztierpraxis berücksichtigen (5%). Die »Landwirtschaft und die Nutztierhaltung [soll] nicht aus dem Blick verloren[gehen].« Es braucht ein »wirkliches (!) Verständnis für Nutztierpraxis! In unseren Standesvertretungen sitzen viel zu viele Kleintierpraktiker.« Im Besonderen ist eine »Anpassung der GOT an die Nutztierpraxis!« notwendig. Diese notwendige »Sonderrolle für die Nutztierpraktiker« zeigt sich etwa am »Beispiel Ferkelkastration: die Tierärzte schaffen es nicht, alle Ferkel zu narkotisieren und zu kastrieren, auch wenn das der Wunsch vieler ›anderer‹ Tierärzte wäre – in solchen Fällen benötigen wir eine Ausnahme von dem Tierärztevorbehalt.« Auch soll die Standesvertretung den Berufsstand besser vor »schwarzen Schafen« schützen (5%): Ihre Aufgabe ist es, »alle KollegInnen, die nach höchsten veterinärmedizinischen und human-ethischen Grundsätzen arbeiten, vor den schwarzen Schafen in unserem Berufsstand zu schützen.« Dieser »Einsatz für ordentlich arbeitende Kollegen« bedeutet auch eine »Maßregelung von sich nicht an Regeln haltenden Kollegen.« Schließlich sollte sich die Standesvertretung für eine Änderung des Studiums einsetzen (3%): Sie sollte »Einflussnahme auf die studentische Ausbildung« nehmen. Es braucht eine »bessere Vorbereitung im Studium, [eine] frühzeitige Spezialisierung.«

5.2 Kritik und Lob

In den zitierten Antworten wurde deutlich, dass nicht alle Befragten mit dem Wirken der Standesvertretung vollauf zufrieden sind. Diese Kritik an der bisherigen Arbeit der Standesvertretung wird in manchen Antworten, die im Folgenden dargestellt werden, explizit artikuliert: »Die jetzige Situation hat sich über Jahrzehnte angebahnt und wurde immer schöngeredet, auch jetzt wird nicht erkannt, dass es schon 5 nach 12 ist. Mit unwürdigen Aussagen in der Öffentlichkeit und heißer Luft ist der Berufsstand nicht zu retten.« Die Standesvertretung muss »weg von der institutionellen Selbstbeweihräucherung«; auch ein anderer Teilnehmer fordert »ein Ende der Selbstbeweihräucherung.« Die Standesvertretung sollte »im Alter auch mal Posten an jüngere abgeben«. Es braucht »mehr Rückgrat«, »deutlich mehr Unterstützung« der Tierärzt·innen, »viel mehr Verständnis und Nachfrage was die Praxis betrifft«; es wäre notwendig, »dass sie [die Standesvertretung] weiß, wovon sie spricht. Das tun unsere Häuptlinge von bpt und bayerischer Landestierärztekammer aber nicht!« Eine Antwort besagt: »Leider habe [ich] den Eindruck, dass meine Tierarztkammer nur sich selbst verwaltet; [ich habe] noch keine Unterstützung von dort erfahren dürfen.« Eine Teilnehmerin antwortet: »Da habe ich jede Hoffnung aufgegeben, [die Standesvertretung] bedient nur noch Partikularinteressen, fällt uns teilweise in den Rücken. Ich darf das sagen, da ich selber aktiv war.« In einer Antwort wird schlicht ein »Abtreten« gefordert. Ein Tierarzt weist auf einen Aspekt hin, der noch nicht genannt worden ist, nämlich, dass er von der Standesvertretung wenig erwartet, schlicht, da die Politik ohnehin nicht auf diese hören würde. Was man sich von der Standesvertretung daher wünscht? »Nichts, die sind nicht in der Lage die Situation zu lösen, da Tierärzte von der Politik nicht wirklich wahrgenommen werden.« In einer weiteren Antwort wird darauf hingewiesen, dass die Tierärzt·innenschaft ja eine heterogene Gruppe sei und es deswegen schwierig ist, ihre Interessen zu vertreten: »Die Standesvertreter werden an der geschilderten Situation wenig ändern können. Noch dazu [hat] die Tierärzteschaft ja auch keine homogene Meinung.« Zwei Teilnehmer·innen artikulieren jedoch ausdrücklich Lob für die Standesvertretung. Beide sprechen hierbei von einem »Kämpfen«:

> Ich mache selber Standespolitik und weiß, wie hart die Standesvertreter zumindest in Bayern und im bpt für uns kämpfen. Ich würde mir mehr Mitstreiter und mehr Unterstützung wünschen und wünsche mir, dass die, die es grade machen, noch lange weiter kämpfen.

> Die tierärztliche Standesvertretung kämpft darum gehört zu werden. Leider finden wir in vielen Bereichen wenig Gehör und anderen Interessen wird Vorrang gegeben. Ich würde mir von der Gesellschaft wünschen, der Meinung der tierärztlichen Standesvertretung mehr Gewicht zu geben.

Folgende Forderungen an die Standesvertretung konnten nur bedingt in letzter Klarheit einer Kategorie zugeordnet werden, auch sie sollen aber hier notiert sein. Die Standesvertretung soll das »Interesse von jungen Leuten für die Berufspolitik wecken«; sie soll »mehr Schutz der niedergelassenen Kollegen vor der ›Willkür‹ einiger selbstgefälliger Amtsveterinäre« bieten; sie soll die »Einbindung in die Tiergesundheitsdienste« fördern; sie soll »mehr Unterstützung bei Rechtsfragen, evtl. kostenloser juristischer Dienst mit Beratung und ggf. Vertretungen in Rechtsstreitigkeiten von der zuständigen Kammer« anbieten; sie soll die »Rechtssicherheit für alle praktizierenden Tierärzte« fördern; sie soll sich einsetzen für »Einheitspreise für Leistung und Medis«; sie soll »gegen die Einengung der Therapiefreiheit« vorgehen; sie soll die »Arzneimittelrabattierung im Einkauf auf 25% (...) beschränken, damit kleinere Tierarztpraxen wirtschaftlich mithalten können. Nutztiermedizin darf kein Arzneimittel-Rabattkampf sein.« Sie soll die »Mitverantwortung von Tierärzten beim Antibiotikamissbrauch« eingestehen; sie soll eine »breitere Front gegen ›Autobahntierärzte‹« bilden; sie soll sich dafür stark machen, dass »Impfstoffe und Antibiotika (...) nicht mehr an Tierhalter abgegeben werden dürfen – keine Ausnahmen!« Sie sollte sich einsetzen für eine »Förderung der Niederlassung in dünner besiedelten Gebieten durch z.B. mehr Einbindung in die Überwachung und Kontrolle der Tierhaltungen im Auftrag der überlasteten Veterinärbehörden, und dadurch Schaffung weiterer Verdienstmöglichkeiten.« Sie soll »ein Bekenntnis zur intensiven Tierhaltung in Deutschland« abgeben. Und schließlich soll die Standesvertretung mehr Fortbildungsmöglichkeiten im Bereich »Kommunikation« anbieten:

> [Es braucht] mehr Seminare zum Thema Kommunikation. Wir haben oft gute Ideen, uns fällt viel auf. Aber wir sind nicht in der Lage, es dem Landwirt so zu kommunizieren, dass er sich nicht gegängelt fühlt, sondern unsere Kritik als Hilfe ansieht. Sätze wie: ›Dann muss der Landwirt das halt bezahlen.‹ sind völlig unfair. Man kann immer gut fremdes Geld ausgeben. Es muss eine andere Möglichkeit geben zu kommunizieren.

6 Rat an die Jugend

Abschließend wurden die Tierärzt·innen gefragt, was sie jungen Veterinärmedizinstudent·innen raten, die zukünftig im Nutztierbereich arbeiten wollen (n=68).

6.1 Von »Dieser Beruf ist toll« bis »Studiert etwas Anderes«

In den Antworten tauchen grundsätzliche Empfehlungen im Sinne von »Der Beruf ist großartig! Freut euch drauf« genauso auf wie warnende Stimmen, die davon abraten, diesen Beruf überhaupt zu ergreifen. Ausgewählte positive Stimmen lauten:

> Dieser Beruf ist toll.

> Es gibt keinen schöneren Beruf als den des Nutztierpraktikers. Freut euch auf ein tolles, interessantes und abwechslungsreiches ›Beruf(ung)sleben‹. Alles andere, das erzählt wird, sind Märchen oder Horrorgeschichten von solchen Menschen, die auch einen anderen Beruf nicht lieben würden.

> Herzlichen Glückwunsch, lass Dich nicht verrückt machen.

> Freut euch auf einen interessanten, schönen, abwechslungsreichen, wichtigen, kreativen und sinnvollen Beruf.

> Lasst euch nicht abschrecken, es gibt auch schöne Momente.

> Ich würde ihm [einem Studenten] sagen, dass es an sich der tollste Beruf überhaupt ist und er am besten mit den Tieren arbeitet, in die er sich hineindenken kann.

> Im Grunde ist es abgesehen von einigen Aspekten ein anspruchsvoller, aber interessanter und abwechslungsreicher Job, bei dem man nicht nur mit Tieren, sondern auch mit Menschen sehr viel

Kontakt hat. Mit der richtigen Herangehensweise kann man auch selbst einiges verbessern oder ändern, das macht einen dann doch glücklicher und zufriedener!

Halte durch. Der Weg ist hart, die Entlohnung nicht immer großartig, die Zeiten vielleicht nicht optimal und die Bedingungen ebenso. Aber es gibt nichts Schöneres als über Land zu fahren und mit dem eigenen Wissen Tieren zu helfen und Landwirte zu betreuen. Ein so positives und familiäres Arbeitsumfeld wie in einer stark landwirtschaftlichen Region, in der man per-Du ist und sich gegenseitig vertraut und schätzt, gibt es in keiner anderen Sparte. Work-Life-Balance ist ein viel verwendetes Wort – die Kunst besteht darin, während der Arbeit die kleinen Dinge erkennen und lieben zu lernen. Die Tiere werden dir deinen Einsatz danken. Eine bessere Bezahlung gibt es nicht.

Die Arbeit zum Wohl der Tiere wird in diesem Kontext in einer Antwort als Ausgangspunkt genommen, um ein Thema anzusprechen, das bislang in der Studie nicht auftauchte: die Quote an Personen, die zwar Veterinärmedizin studieren, danach aber nicht in diesem Beruf arbeiten:

Ganz generell: jeder der Tiermedizin studiert und dann nicht arbeitet (rund 30 Prozent) verrät das Wohl der Tiere (Tierart egal), weil er anderen einen Studienplatz weggenommen hat, die sich vielleicht besser einbringen würden.

Wie erwähnt finden sich bei der Frage nach einem Rat an die Jugend aber auch Antworten, die auf die negativen Aspekte dieses Berufsfeldes hinweisen. Ausgewählte Zitate lauten wie folgt:

[Man sollte] schnellstmöglich etwas Anderes studieren.

Informiert euch über Alternativen.

[Man sollte sich] gründlich überlegen, ob man (…) Erfüllungsgehilfe eines Systems werden möchte.

6.2 Konkrete Ratschläge: Praktika, Gewissensprüfung, Praxiswahl und vieles mehr

Abseits dieser grundsätzlichen Empfehlungen – nämlich diesen Beruf zu ergreifen oder es eben nicht zu tun – finden sich noch weitere, konkrete Ratschläge. Diese lassen sich quasi zeitlich ordnen, von der Studienwahl über das Studium bis zum Ausüben des Berufes selbst. Zu Beginn sollen die Student·innen vor allem Praktika machen, dies idealerweise in tierärztlichen Praxen wie auch in landwirtschaftlichen Betrieben (25%):

> [Man sollte] viele Praktika machen, nicht nur beim Tierarzt, auch in landwirtschaftlichen Betrieben, um ein Verständnis für die Landwirtschaft zu bekommen. Man hat bei vielen Kunden sofort einen Stein im Brett, wenn [man] ›mitreden‹ kann.

> Neben dem Studium [sollte man eine] umfassende Ausbildung im Nutztierbereich selbst machen (landwirtschaftliche Ausbildung), Auslandserfahrung sammeln, praktische Ausbildung in zukunftsfähigen Nutztierpraxen suchen, vor allem auch im Hinblick auf Ökonomie und Praxisorganisation.

> [Mein Ratschlag?] Ein freiwilliges landwirtschaftliches Praktikum auf einem guten Milchviehbetrieb. Der Umgang und die nonverbale Kommunikation mit den Tieren sind entscheidende Voraussetzungen, die im Studium nicht vermittelt werden, sondern die man nur im Alltag lernen kann.

Um zu illustrieren, wie klar und häufig dieser Rat formuliert wird, folgen weitere Stimmen, die ähnlich argumentierten. Es gilt: »Auf jeden Fall vorher Praktika machen und sich vorbereiten, was einen da erwartet.« Man sollte »viele Praktika machen, vielleicht auch mal auf einem größeren landwirtschaftlichen Betrieb. Ich würde auch mal bei einem Futtermittelberater mitfahren.« Es braucht »viele, viele Praktika« und »dringend Praktika in landwirtschaftlichen Betrieben«. Man sollte »frühzeitig Praktika beginnen, am Anfang viele Wochenenden und Notdienste übernehmen, da lernt man am meisten.« Es gilt: »So viel Praxiserfahrung [zu] sammeln wie nur möglich. Freiwillige Praktika absolvieren. Tägliche Arbeiten wie Braunülen legen, Besamen [und] versuchen bereits dabei zu lernen.« Man sollte sich also »rechtzeitig mit den Anforderungen der Nutztiermedizin beschäftigen im Praktikum in einer entsprechenden Praxis.« Es braucht schlicht »beste Kenntnisse der Landwirtschaft.« Das bedeutet:

> Neben dem ›üblichen‹ Uni-Wissen [sollte man] versuchen, Einblicke in landwirtschaftliche Produktion und wirtschaftliche Fragestellungen der tierischen Veredelung zu erlangen; das bedeutet Selbststudium!

Die Relevanz von Praktika bedeutet auch, dass dazu geraten wird, sich genau zu überlegen, wo man ein Praktikum macht: »Entscheidend ist die Auswahl der Praktikumsstellen (...) das prägt enorm für die Zukunft!« Die Zeit der Praktika taugt nicht zuletzt für eine Art von Gewissensprüfung: Die Student·innen sollen sich darüber im Klaren werden, ob sie den Job wirklich machen wollen (13%). Sie sollen in dieser Zeit »ein gutes Verständnis dafür« bekommen, »was auf sie zukommt. Die Rinderpraxis kann wahnsinnig viel Spaß machen, sie fordert nur auch einiges von einem.« Man muss »sich genau informieren, was der Beruf für Belastungen mit sich bringt.« In einer Antwort heißt es:

> Wenn das jemand mit Leib und Seele will, dann muss er wissen, dass das kein 8 to 5 Job sein kann. Ich kann nur für den Rinderbereich sprechen. Jemand, der mit Kühen arbeiten will, muss diese Tiere ›lieben‹. Ich würde ihm [dem Studenten] sagen, dass es an sich der tollste Beruf überhaupt ist und er am besten mit den Tieren arbeitet, in die er sich hineindenken kann. Ableitend von den vorherigen Antworten muss er aber so fachlich aufgestellt sein, um in andere Bereiche der Veterinärmedizin wechseln zu können.

> [Die angehenden Praktiker·innen] sollten wissen, dass ›Beruf‹ von ›Berufung‹ kommt und nur dann diese Entscheidung treffen, wenn sie wirklich sicher sind, dass sie wissen, auf was sie sich einlassen. Wenn man Nutztierpraxis macht, macht man nicht viel Anderes und lebt ein etwas anderes Leben als die meisten Menschen.

Das bedeutet im Besonderen: »Ohne Aufopferungsbereitschaft geht es nicht.« Es gilt daher »gut zu prüfen, ob genügend Idealismus und Belastbarkeit vorhanden sind.« Denn: »Wenn sie nicht 100% hinter ihrem ›veterinärmedizinischem Tun‹ stehen, [dann sollten sie] nicht in die Nutztierhaltung (…) gehen.«

Gegen Ende des Studiums sollte eine neue Frage im Fokus stehen: Die angehenden Nutztierpraktiker·innen sollten sich genau überlegen, in welcher Praxis sie arbeiten wollen (29%). Entscheidende Fragen sind hierbei: Wo lerne ich am meisten und wo sind die Arbeitsbedingungen gut? Man muss sich eine »Praxis suchen, die bereit [ist], Wissen zu vermitteln.« Es gilt, sich »gutes Grundwissen anzueignen in der Praxis.« Das bedeutet, man muss »am Anfang (in einer Praxis) arbeiten wo ›good veterinary practice‹ praktiziert wird«; »Besonders zu Beginn der beruflichen Karriere [sollte man] eher in eine größere Praxis gehen, damit man sich erst mal an die Materie rantasten kann.« Es geht hierbei aber nicht nur um die Frage, wo man am meisten lernt, sondern auch um den persönlichen Umgang und die Arbeitsbedingungen: Es braucht dringend einen »Arbeitsvertrag! Nicht unter Wert verkaufen.« Oder auch:

> Er/Sie sollte sich eine Praxis mit einem jungen und mehrköpfigen Team suchen, da hier die Chancen auf geregelte Arbeitszeiten und eine gute Work-Life-Balance höher sind als als Angestellte/r in einer kleinen Praxis mit einem Chef aus der vorigen Generation, der für Work-Life-Balance kein Verständnis hat.

Eine Tierärztin rät: »Einen Arbeitsplatz suchen, in dem Sie persönlich wertgeschätzt werden.« Besonders wichtig ist hierbei der oder die Vorgesetzte: »Sollten sie nicht das Glück haben, einen der wenigen guten Chefs zu finden, möglichst schnell den Job wechseln!« In anderen Worten: »Augen auf bei der Chef-Auswahl.« Ein Teilnehmer rät beim Einstieg in die Arbeitswelt, sich jedoch nicht zu sehr auf die gesetzlichen Arbeitszeitvorgaben zu berufen:

> Wenn man in eine kleinere Praxis einsteigen möchte, nicht so akribisch an den gesetzlichen Arbeitszeitvorgaben festhalten. Tiere richten sich nicht nach der Uhr, und ein Praxisinhaber kann nicht

> alles allein machen und dem Assistenten viel Geld zahlen, und jede extra gemachte Überstunde bezahlen. Das können sich viele Inhaber kleiner Praxen einfach nicht leisten, da wird dann eher auf einen Assistenten verzichtet. Aber gerade in solchen Praxen lernt man am meisten und bekommt den richtigen Eindruck davon, wie es so abgeht in der Praxis.

Überlegen die angehenden Nutztierpraktiker·innen, längerfristig in einer Praxis mitzuarbeiten oder gar selbst eine zu eröffnen, gibt es auch hierzu Ratschläge: »Haltet euch an die Zukunftspraxen!«; man sollte »keine reine Nutztierpraxis (…) machen.« Empfohlen wird: »Bildet Gemeinschaften, organisiert Weiterbildungen und Vertretungen, nutzt Geräte und Ausrüstung zusammen oder Mitarbeiter.« Wer eine Praxis eröffnet, sollte das Umfeld genau evaluieren:

> Niederlassung nur nach vorheriger genauer Evaluierung des Gebietes, ob es sich überhaupt an dem gewünschten Standort rentiert. Besser in ein Gebiet gehen, in dem noch landwirtschaftliche Tierhaltung vorkommt.

Wie bereits durchgeklungen wird im Besonderen von einer Einzelpraxis abgeraten: »Niemals versuchen, allein eine Großtierpraxis zu führen. Sie frisst einen auf.« Empfohlen wird »keine Einmannpraxis, nur im Team.« Denn: »Einzelpraxis ist ein Auslaufmodell, möglichst mit Gleichgesinnten eine Gemeinschaftspraxis aufbauen, um die Arbeitsbelastung verteilen zu können.«

Im Berufsleben angekommen, sollte die Essenz der veterinärmedizinischen Tätigkeit nicht aus den Augen verloren werden: Es geht darum, den Tieren zu helfen (7%), auch wenn dies nicht immer leicht ist. Hierbei muss man dem eigenen »Standpunkt treu bleiben und für die Tiere auch mal in die Bresche springen.« Es gilt: »Niemals die Liebe zum Tier zu verlieren, niemals in den Sog des Gewinndenkens zu kommen. Dabei versuchen, den Alltag möglichst pragmatisch zu gestalten.« Es braucht also stets »Achtung und Respekt vor der Kreatur, die uns ernährt und von der wir leben.« Man muss »Verständnis für die Landwirte aufbringen, aber nie das Wohl der Tiere aus den Augen verlieren. Wir sind es den Nutztieren schuldig.« Im Berufsleben zu stehen bedeutet aber auch, mit den Landwirt·innen in einen Dialog zu treten (7%):

> Ganz wichtig ist es, die ›Sprache der Bauern‹ zu lernen, d.h. nicht von oben herab, besserwisserisch und oberlehrerhaft agieren, sondern sich auch mal die Nöte der Bauern anhören und Verständnis zeigen. (Das wünsche ich mir auch von den Damen und Herren der Veterinärverwaltung!).

> Landwirte sind wunderbare Menschen, die wichtig für uns alle sind. Uns Tierärzte ernähren sie gleich zweimal. Nehmt die Landwirte mit ins Boot, entscheidet nicht einfach über ihre Köpfe hinweg und ihr könnt viel bewegen. Lasst den Landwirten ihre Würde.

Man muss also »sich immer auf Augenhöhe mit dem Landwirt begeben, die sind meist super ausgebildet. In einer gleichberechtigten Zusammenarbeit steckt wahnsinnig viel Potential.« Entsprechend sollte man »auf die Landwirte hören.« In einer Antwort wird erneut der Vergleich zu anderen Sparten gezogen, dort heißt es: »Die landwirtschaftliche Klientel ist eine bessere als die Kleintierklientel! Kämpft darum!«

In den Ratschlägen an die Jugend tauchen in den Antworten auch persönliche Empfehlungen auf, wie auch Charaktereigenschaften und Skills, die es braucht, um den Job gut zu erledigen.

Häufig genannt wird der bereits zitierte Begriff des »dicken Fells«. Man muss sich »ein dickes Fell zulegen«; man »braucht (…) ein dickes Fell oder sollte ich sagen Rückgrat und ein gutes Netzwerk.« Dieses Netzwerk, so eine Teilnehmerin, ist gerade »als Frau« wichtig: Man muss sich »als Frau rechtzeitig [ein] Netzwerk aufbauen, um Familie und Beruf vereinen zu können; und [man sollte] sich einen verständnisvollen Partner suchen.« Es braucht »Selbstvertrauen«; man muss »dranbleiben und [sich] durchbeißen. Den Blick für das große Ganze nicht verlieren.« Man muss »für neue Dinge offen sein und sich alle Seiten anhören«, dabei aber auch »seiner eigenen Linie treu bleiben.« Man sollte also seinen »Idealismus nicht verlieren!« In einer Antwort steht zu lesen:

Ergreift Initiative. Macht nicht weiter ›wie immer‹. Sucht einen Weg, um so zu arbeiten, dass sowohl wirtschaftliche Interessen der Landwirte, als auch Wohlbefinden und Gesundheit der Tiere gewahrt werden. Diesen Kompromiss gibt es! Und klärt auf, auch wenn es furchtbar mühselig und nervig sein kann.

Bei alldem sollte auch die Work-Life-Balance nicht aus dem Blick geraten: »Hobbys nicht vergessen«. Ein »Chef aus der vorigen Generation, der für Work-Life-Balance kein Verständnis hat«, ist kein empfehlenswerter Chef. Es »muss ein Ausgleich gefunden werden« zur Arbeit.

7 Zusammenfassung und Diskussion: Ein wunderbarer Beruf, aber ohne Zukunft?

Die Studie untersuchte, wie deutsche Veterinärmediziner·innen, die im Bereich Nutztierhaltung arbeiten, die Zukunft ihres Berufsfeldes wahrnehmen. Welche Themen und Fragestellungen sollten im Studium der Veterinärmedizin eine größere Rolle spielen, um Student·innen besser auf diesen Arbeitsbereich vorzubereiten? Was sollte in der Nutztierhaltung grundsätzlich dringend geändert werden? Würden sie sich wieder für den Beruf entscheiden? Und welche Empfehlungen haben sie an die Jugend?

7.1 Neue Ausbildungsthemen – neue Rollen?

Die Studie gibt Hinweise darauf, wie aus Sicht der Nutztierpraktiker·innen die Ausbildung und Fortbildung verbessert werden könnten. Neben Inhalten zur konkreten Praxisführung wie etwa betriebswirtschaftliches Wissen werden im Besonderen mehr Praktika gefordert. Es wird empfohlen, dass angehende Tierärzt·innen einen besseren Einblick in den tatsächlichen Alltag der Nutztierpraxis erhalten müssen. Die Frage, welche Themen in der tierärztlichen Ausbildung eine bedeutendere Rolle einnehmen sollten als bisher, um zukünftige Nutztierpraktiker·innen adäquat auf ihren Beruf vorzubereiten, offenbart aber auch unterschiedliche Rollen und Selbstbilder, wenn nicht sogar eine Verschiebung dieser Rollen und Selbstverständnisse. Sechs Aspekte sollen hierbei erläutert werden:

(a) Die Befragten fordern, dass die Fächer »Betriebswirtschaft« oder »Praxismanagement« verstärkt unterrichtet werden sollten. Die Rolle, die in diesen Antworten angesprochen wird, kann als »Unternehmer·in« gefasst werden. Das Wissen über Unternehmertum wurde bereits in vorangegangenen Studien als eine entscheidende Kompetenz für Veterinärmediziner·innen identifiziert (Bachynsky et al. 2013; Bok et al. 2014; Cake et al. 2014; Cake et al. 2016).

(b) Eine weitere Top-Antwort fordert mehr Wissenstransfer rund um die »Bestandsbetreuung«. Es wird dafür votiert, dass die Tierärzt·innen besser ausgebildet werden, wenn es darum geht, das »große Bild« eines landwirtschaftlichen Betriebs zu beurteilen, statt sich nur auf einzelne Patient:innen oder ausgewählte Parameter zu konzentrieren. Dieses Ergebnis kann als typisches Anzeichen für einen strukturellen Wandel des Berufsstandes insgesamt interpretiert werden: Im Bereich der veterinärmedizinischen Nutztierpraxis kann nämlich weltweit eine Verlagerung von der kurativen Einzeltierpflege hin zu einem Herdengesundheitsmanagement beobachtet werden (Mee 2007, Gerber et al. 2020). Während sich die kurative Praxis auf die Behandlung kranker Tiere konzentriert, bedeutet Herdengesundheitsmanagement, dass Tierärzt·innen den gesamten landwirtschaftlichen Betrieb mit Blick auf die Tiergesundheit, aber auch weitere Aspekte betreuen. Beispielhaft werden Veterinärmediziner·innen beratend tätig, inwieweit die Fütterung oder die Belüftung im Stall verbessert werden kann oder welche genetischen Überlegungen für den Betrieb mit Blick auf die Zucht entscheidend sind. Im Idealfall wird durch diese permanente Bestandsbetreuung kurativen Notfällen so weit wie möglich vorgebeugt. Das vorliegende Buch schlägt vor, hierbei von einer Art Rollen*verlagerung* zu sprechen: Die Tierärzt·innen verstehen sich demnach nicht (nur) als »Heiler·innen«, sondern auch und verstärkt als »Gesundheitsmanager·innen«. Um diese Verlagerung mit einem bislang utopischen Gedankenspiel zu illustrieren: Während »Heiler·innen« für jedes kranke Tier, das sie behandeln, bezahlt werden, könnten »Gesundheitsmanager·innen« zukünftig für jedes Tier bezahlt werden, das *nicht* erkrankt. Die Studie legt nahe, dass die deutschen Nutztierpraktiker·innen diese Verschiebung als strukturelle Veränderung ihres Berufsstandes durchaus wahrnehmen.

(c) Da nicht alles, was in diesem Berufsfeld entscheidend ist, an der Universität gelehrt werden kann, fordern die Befragten eine praxisnahe Ausbildung. In dieser Argumentation wird eine Rolle angesprochen, die im vorliegenden Buch als »Handwerker·in« bezeichnet wird: Der Beruf braucht eben mehr als nur theoretische Kenntnisse, er fordert auch bestimmte praktische Fähigkeiten. Diese Skills können nur durch Übung und Anwendung erlernt werden.

(d) Die Tierärzt·innen fordern darüber hinaus, dass landwirtschaftliches Wissen allgemein eine größere Rolle in der Ausbildung spielen sollte. Hall und Wapenaar (2012) diagnostizierten, dass sich Nutztierpraktiker·innen u.a. als »unabhängige Beratende« bzw. auch als »Freundinnen und Freunde« der Landwirt·innen verstehen; die Ergebnisse der vorliegenden Studie ergänzen diese Selbstbeschreibungen, zeigt sich doch, dass sich die Befragten teilweise explizit auch als »Teil der Landwirtschaft« verstehen.

(e) Gefordert wird auch eine bessere Ausbildung zu jenen Themen, die allgemein als Kernaufgabe der Veterinärmedizin angesehen werden: die Rede ist von Tiergesundheit, Tierschutz und Tierwohl. Die hierbei identifizierte Rolle wird gemeinhin als »Anwält·in der Tiere« gefasst.

(f) In der Forderung nach mehr »Kommunikation« oder auch »Psychologie« in der Ausbildung wird schließlich eine Rolle angesprochen, die »Kommunikator·in« genannt werden kann. Der tierärztliche Beruf ist nicht zuletzt eine kommunikative Tätigkeit. Man muss mit Menschen in einen teilweise konfliktreichen, teilweise kooperativen Dialog treten, um die Zielvorstellungen der Profession realisieren zu können. Im Fokus stehen hierbei selbstverständlich die Tierhalter·innen, aber darüber hinaus sind auch Kolleg·innen, Vorgesetzte, Angestellte oder auch die Amtstierärzt·innen in diesem Kontext zu nennen. Auch wenn die Ausbildungsinhalte »Kommunikation« und »Psychologie« in der vorliegenden Studie keine Top-Antworten darstellen, so werden sie doch eingefordert. Dies steht durchaus im Einklang mit anderen Erhebungen, die die Bedeutung der Kommunikations-Skills von Tierärzt·innen unterstreichen (Bristol 2002; Gilling et al. 2009; Hodgson et al. 2013; Jaarsma et al. 2008; Rhind et al. 2011).

Die geschilderte Nachfrage nach neuen und vertieften Lehrinhalten zeigt insgesamt ein Bewusstsein der Befragten für die Vielfalt ihrer Aufgaben und ihrer Rollen. Insbesondere zeigt sich hierbei, dass die Tierärzt·innen davon überzeugt sind, dass theoretisches, medizinisches Fachwissen »nur« die Grundlage ihres Berufs ist, dass es aber weit mehr Fähigkeiten braucht, um den Job gut zu erledigen.

7.2 Kein Ruf nach Ethik?

Nun hat sich ein großer Teil der vorliegenden Studie mit den moralischen Herausforderungen in der Nutztierpraxis beschäftigt und festgestellt, dass der Beruf durchaus von derartigen Situationen geprägt ist. Vor diesem Hintergrund ist es erwähnenswert, dass »Ethik« *nicht* zu jenen Ausbildungsthemen gehört, die von den Befragten im Besonderen eingefordert werden würden. Nur wenige kommen auf diesen Begriff in ihrer Antwort zu sprechen. Wie ist dies zu verstehen? Mehrere weiterführende Fragen wie Interpretationen sind denkbar:

(a) Eventuell sind die dringlichen Probleme, die deutsche Nutztierpraktiker·innen in ihrem täglichen Beruf erleben, schlicht keine moralischen. In diesem Fall wird »Ethik« wenig überraschend hinter Ausbildungsthemen wie »Betriebswirtschaft« oder »Bestandsbetreuung« zurückgereiht.

(b) Denkbar ist auch, dass dieses Ergebnis mit dem Durchschnittsalter der Befragten (45,39 Jahre) zu tun hat. Die meisten sind schon lange in diesem Beruf tätig. Haben sie so gute Strategien zur Bewältigung moralischer Herausforderungen entwickelt, dass sie keine Notwendigkeit einer ethischen Reflexion sehen?

(c) Darüber hinaus kann davon ausgegangen werden, dass die älteren Befragten während ihrer eigenen Ausbildung nicht mit »Ethik« in Berührung gekommen sind – zumindest nicht unter dieser Begrifflichkeit. Wissen sie eventuell nicht, dass sich diese Disziplin in jüngster Vergangenheit verstärkt mit ihrem Berufsfeld beschäftigt und entsprechend in diversen Studienprogrammen Aufnahme gefunden hat?

(d) Denkbar wäre aber auch quasi eine »gegenteilige« Interpretation, nämlich dass die Nutztierpraktiker·innen durchaus eine sehr genaue Vorstellung davon haben, dass die Disziplin einer veterinärmedizinischen Ethik existiert, aber dass sie schlicht der Überzeugung sind, dass diese keinen Nutzen für sie bringt.

Die vier genannten Interpretationen stellen selbstverständlich keineswegs eine erschöpfende Auflistung dar. Grundsätzlich gilt: Die »Nicht-Forderung« von Ethik als vertiefendes Ausbildungsfach mag für die Veterinärmedizin nicht weiter relevant sein, die Disziplin der angewandten Ethik allerdings sollte derartige Befunde näher beleuchten: Ist das dargestellte Ergebnis typisch? Käme »Ethik« im Rahmen von geschlossenen Fragestellungen, etwa bei einem Ranking von Ausbildungsthemen, auf einem ähnlichen Platz zu stehen? Was verstehen Tierärzt·innen überhaupt unter »Ethik« und welche Erwartungen haben bzw. hätten sie an solch ein Fach?

7.3 Die Sehnsucht nach Deutungshoheit

Tierärzt·innen werden immer wieder als Anwält·innen der Tiere beschrieben, aber es gibt wenig empirisch fundiertes Wissen über die von ihnen dringend gewünschten und geforderten Verbesserungen in der Nutztierhaltung. Neben konkreten Vorschlägen fordern die Befragten – wie erläutert – vor allem Veränderungen des gesamten Systems.

(a) In Bezug auf die Tierhaltung wünschen sie sich vor allem mehr finanziellen Spielraum für die Landwirtschaft. Den Landwirt·innen fehlt aus ihrer Perspektive schlicht das Geld. Dieser wirtschaftliche Druck wirkt sich auf die Situation der Tiere aus – und damit auch auf den veterinärmedizinischen Beruf in diesem Kontext. Hier zeigt sich erneut jene entscheidende Herausforderung des Berufsstandes, wie sie vorliegend bereits im ersten Teil im Fokus stand: Die Tierärzt·innen würden die Tiere vielfach gerne anders behandeln, aber sie werden durch äußere Barrieren und Hemmnisse daran gehindert. Mit Blick auf eine finanzielle Umstrukturierung sehen die Befragten vor allem die Verbraucher·innen, den Handel und die Politik in der Pflicht. Alle drei genannten Gruppen werden hierbei eher kritisch beschrieben: Sie kommen ihrer Verantwortung nicht nach bzw. handeln nur in ihrem eigenen Interesse. (b) Die Tierärzt·innen fordern jedoch ebenso eine Veränderung der gesellschaftspolitischen Debatte über die Nutztierhaltung. An dieser Stelle wird deutlich, dass die Befragten den Diskurs wie ihre eigene Rolle ganz ähnlich wahrnehmen wie Landwirt·innen (Dürnberger 2019b): Beide Gruppen skizzieren einen großen Teil der Gesellschaft als der Landwirtschaft entfremdet; es existiert wenig Wissen über die Realitäten der Tierhaltung, der Kontakt zur Lebensmittelproduktion ging über die Jahrzehnte verloren. Manche Nutztierpraktiker·innen »verbrüdern« sich demnach vor allem in Abgrenzung zu einer entfremdeten, überkritischen Gesellschaft mit der Landwirtschaft: Beide Berufsgruppen – Landwirtschaft wie Veterinärmedizin –

eint, dass sie sich missverstanden fühlen von gesellschaftlichen Gruppierungen, die wenig Wissen über ihre Arbeit aufweisen und lebensweltlich gänzlich anders zu verorten sind. Darüber hinaus wird die –gesellschaftliche Debatte – aus Sicht beider Berufsgruppen – von anderen Akteur·innen bestimmt, beispielsweise von NGOs oder fachfremden Politiker·innen. Ihre eigene Expertise wird in den entsprechenden Debatten hingegen kaum oder gar nicht wahrgenommen, so die Antworten. Und genau dagegen begehren sie auf: Sie sind der Überzeugung, dass die Akteur·innen der Landwirtschaft selbst – also sie – als eine der wichtigsten Stimmen in jeder gesellschaftlichen Debatte über die Nutztierhaltung Gehör finden sollten. Die verlorengegangene Deutungshoheit wird also zurückgefordert. Politik und Gesetzgebung sollten vor diesem Hintergrund Nutztierpraktiker·innen als eine Berufsgruppe erkennen, die sich in den entscheidenden Diskussionsprozessen ignoriert fühlt. Neben Vorschlägen zu einem (c) verbesserten Kontrollsystem von Tierschutzaspekten in der Landwirtschaft fordern nicht wenige Befragte schließlich (d) ein kritisches Hinterfragen des Leistungsgedankens: Die Zucht und die Haltung fokussieren auf mehr und mehr Output. Diese permanente Optimierung wird von manchen Tierärzt·innen als Sackgasse empfunden. Die Leistungsgrenze der Tiere ist überschritten, so ein zentrales Argument, daher braucht es ein grundsätzliches Umdenken. In dieser Kritik wird deutlich, dass sich die Befragten nicht nur mit der Landwirtschaft identifizieren, sondern sich teilweise auch bewusst und identitätsstiftend von ihr abgrenzen.

7.4 In der Abenddämmerung des Berufs?

Die Studie legt nahe, dass die allermeisten Befragten mit ihrer Berufswahl weitgehend zufrieden sind. Eine Mehrheit würde sich wieder für diesen Beruf entscheiden: 41% stimmen dieser Aussage voll und ganz zu, 24% stimmen ihr zu. Dies ist auch mit Blick auf die Forschung relevant. Bell et al. (2018) weisen darauf hin, dass es nur wenig Literatur darüber gibt, was die Arbeitszufriedenheit von Tierärzt·innen erhöht, da sich die Forschung auf Stress und Gründe für Burnout im Bereich der Veterinärmedizin konzentriert. Die vorliegende Arbeit vermag durchaus Faktoren zu identifizieren, die zur Zufriedenheit mit der Arbeit und der Berufswahl beitragen, wird in den Antworten der Teilnehmer·innen doch auch und besonders deutlich, was Nutztierpraktiker·innen an ihrem Beruf lieben: Sie empfehlen ihren Beruf aufgrund der Vielfältigkeit der Arbeit selbst, diese wird als abwechslungsreich, herausfordernd, spannend und bereichernd beschrieben; sie mögen den Austausch mit den Landwirt·innen, den Umgang mit den Tieren und die Möglichkeit, diesen helfen zu können; geschätzt wird die wirtschaftliche Sicherheit des Jobs wie auch die Bedeutsamkeit der Arbeit, da die Produktion von Lebensmitteln als essenzielle und sinnvolle Tätigkeit empfunden wird. Berufseinsteiger·innen wird vor allem eines empfohlen: Man sollte genau wissen, worauf man sich einlässt und darauf achten, wo man beruflich zu stehen kommt. Dies erfordert zum einen direkten Kontakt mit dem Job, zum Beispiel durch Praktika vor der endgültigen Berufswahl. Zum anderen kommt es letztendlich auf das konkrete Umfeld an: Welche Praxis wähle ich? Welche Arbeitszeiten bestimmen meinen Tag? Wie gehen Vorgesetzte und Team mit mir um? Diese Empfehlungen zeigen, was auch vorangegangene Studien bereits nahelegten, nämlich dass die Rolle des Teams wie auch und besonders der Vorgesetzten nicht zu vernachlässigen ist, wenn es um die Arbeitszufriedenheit von Veterinärmediziner·innen geht. (Moore et al. 2014)

Abgesehen davon, dass bestimmte Befragte davor warnen, diesen Beruf zu ergreifen, ist festzuhalten, dass sich auch bei jenen Tierärzt·innen, die mit ihrem Job zufrieden sind und diesen als wunderbare und erfüllende Tätigkeit beschreiben, teilweise eine düstere Stimmung zeigt, was die Zukunft der Profession bzw. der Nutztierhaltung allgemein angeht. Man könnte diese Stimmung als »Abenddämmerung des Berufs« beschreiben: Manche Nutztierpraktiker·innen sehen sich nämlich als Teil einer Welt, die sich im Niedergang befindet. Sie sprechen von ihrer Arbeit als einem Auslaufmodell, als etwas, das nicht mehr gewollt ist und das eventuell ganz aus diesem Land verschwinden wird. Die Antworten erzählen von Misstrauen und Anprangern. Die Tierärzt·innen fühlen sich von der Gesellschaft teilweise im Stich gelassen. Dies zeigt sich u.a. in der hohen Zustimmungsrate zur Aussage, die veterinärmedizinische Arbeit im Bereich der Nutztierhaltung könne mit dem Beruf von Soldat·innen verglichen werden: Man macht einen Job, der für die Gesellschaft wichtig ist, aber von dem sie lieber keine Bilder sehen will. Ca. 21% stimmen diesem Statement voll und ganz zu, ca. 30% stimmen ihm zu. Der manchmal niedrige Verdienst, die vielen Arbeitsstunden, die schwierige Work-Life-Balance, die kaum einzuhaltenden Gesetze, die teilweise limitierten Möglichkeiten, Tieren zu helfen ... all das scheint im Vergleich zu dieser düsteren Prognose sekundär zu sein. Sie ist der entscheidende Grund, warum man der Jugend nur bedingt oder gar nicht zu diesem Beruf raten kann. Diese »Abenddämmerung« kann demnach als ein drängendes Thema und ein Stressfaktor identifiziert werden: Man hat zwar einen wunderbaren Beruf, aber die Sonne über einem ist im Untergehen. Und es dunkelt über einem zu engen Feld.

8 Abschließende Betrachtungen

Die vorliegende Abhandlung trat mit dem Ziel an, Einblicke in die Berufs- und Lebenswelt der Veterinärmedizin in der Nutztierhaltung zu gewinnen. Hierbei lag der besondere Fokus des Interesses auf den moralischen Herausforderungen der Profession aus Sicht der Tierärzt·innen selbst. Eine deskriptiv orientierte Ethik, die danach trachtet, »moralische Überzeugungen, moralische Haltungen und Moralsysteme zu beschreiben und zu rekonstruieren« (Düwell 2008, 36) hat damit ihre Aufgabe erfüllt, zugleich lässt sich in den daran anschließenden öffentlichen Debatten in aller Regel die tiefe Sehnsucht diagnostizieren, aus dem Beschriebenen eben doch *normative* Schlussfolgerungen zu ziehen. Mit diesem Vorwurf sieht sich die empirischbasierte Ethik immer wieder konfrontiert: Moral bloß zu beschreiben, so lautet die Kritik, ist zu wenig; man müsse diese Moral auch beurteilen und einordnen. Es scheint, als hätte der deutsche Soziologe Niklas Luhmann mit seiner Beschreibung Recht gehabt: Moral gleicht einem »hochinfektiösen Gegenstand« (Luhmann 2012, 270). Wer sich mit ihr beschäftigt, steckt sich schnell an und will in der Folge nicht mehr nur beschreiben, was Menschen für richtig und gut halten, sondern Auskunft darüber geben, was sie für richtig und gut halten *sollten*. Auch besteht die Gefahr, dass empirische Erhebungen zu moralischen Fragen als normative Forderungen oder als ein »Einzementieren« eines Status-quo missverstanden werden. In anderen Worten: Jemandem »eine Stimme zu geben« bzw. sich anzuhören, was dieser Jemand zu sagen hat, bedeutet keine Zustimmung zum Dokumentierten – und doch wird es oft so verstanden. Wenngleich die Zielsetzung der vorliegenden Studie zu Beginn als nicht-normativ ausgewiesen worden ist (es dem Buch also beispielsweise nicht darum ging zu diskutieren, wie Veterinärmediziner·innen im Bereich der Nutztierhaltung moralisch gut begründet zu agieren haben), sollen vor dem geschilderten Hintergrund möglicher Missverständnisse die Resultate daher abschließend in wenigen knappen Sätzen kontextualisiert werden.

Eine abolitionistische Tierrechts-Position, also der Standpunkt, der für eine moralisch begründete Abschaffung der Nutztierhaltung überhaupt votiert, wird in den Antworten einer Berufsgruppe dieses Systems, so ist anzunehmen, keinen relevanten Mehrwert erkennen. Derartige Erhebungen helfen uns nämlich dabei, ein gegenwärtiges System besser zu verstehen – sie zielen jedoch nicht darauf ab, dieses System in seiner Gesamtheit zu hinterfragen. Wenn überhaupt wird diese Position aus den geschilderten Schwierigkeiten und Herausforderungen der Praktiker·innen eine Bestätigung für ihr Votum ableiten: Wo wirtschaftlich basierte Therapie- bzw. Euthanasieentscheidungen, die Schlachtung trächtiger Tiere, die Auswahl von Antibiotika nach Wartezeit, Überbelegungen in Ställen oder Nottötungen wegen entzündeter Gelenke geschildert werden, dort sehen Tierrechtstheoretiker·innen in der Tradition eines Tom Regan (1983 und 1997) wohl symptomatische Beispiele wie auch ausreichende Gründe, warum die Nutztierhaltung per se ein unmoralisches Unterfangen ist. Der Forderung, in jedem einzelnen Tier ein »experiencing subject of a life«, also eine »bewusste Kreatur mit einem individuellen Wohl« (Regan 1997, 42f.) zu erkennen, die wir unbedingt und unabhängig von unseren menschlichen Nutzenkalkulationen moralisch zu respektieren haben, scheinen die angeführten Exempel jedenfalls vehement zu widersprechen. Wer die Nutztierhaltung hingegen grundsätzlich für moralisch rechtfertigbar, jedoch für verbesserungswürdig bzw. eventuell für dringend verbesserungs*notwendig* erachtet, mag an der Perspektive der beteiligten Berufsgruppen größeres Interesse aufweisen, aber auch in diesem Fall müssen die Daten der Erhebung kritisch reflektiert und in Kontext gesetzt werden; und zwar selbst dann, wenn diese – was sie im Vorliegenden nicht tun – ein homogenes Votum darstellen. Die Antworten der Befragten bilden nämlich die Binnenperspektive von Nutztierpraktiker·innen in Deutschland ab. Will man ein normatives Urteil erarbeiten, beispielsweise darüber, welche Themen in der veterinärmedizinischen Ausbildung größeres Gewicht haben sollten, oder auch wie die zukünftige Nutztierhaltung in Mitteleuropa aussehen soll, gilt es diese Binnenperspektive jedoch notwendigerweise zu transzendieren. Sie liefert eben *eine* Perspektive auf das Geschehen, nicht jedoch eine allgemein gültige. Um diesen Gedanken exemplarisch zu veranschaulichen: Kritiker·innen der gegenwärtigen Nutztierhaltung oder auch der Tierhaltung insgesamt werden einwenden, dass Personen, die in diesem Bereich beruflich tätig sind, kaum das »große Ganze« hinterfragen, und zwar aus mindestens zwei Gründen: aus einem ökonomischen Grund, weil ihr Geschäftsmodell innerhalb des gegenwärtigen Systems verortet ist; und aus einem psychologischen Grund, denn wer würde auf Dauer die kognitive Dissonanz aushalten, einer Arbeit nachzugehen, die man moralisch anzweifelt bzw. eventuell sogar für verwerflich hält. Daher, so wird diese kritische Position ausführen, stellen die Tierärzt·innen kaum die grundlegende tierethische Frage, inwieweit es überhaupt moralisch rechtfertigbar ist, Lebewesen zu halten um sie zu schlachten; auch kann gefragt werden, ob man mit der Zeit nicht »betriebsblind« wird was Zustände und Verbesserungsmöglichkeiten angeht. Genau aus diesem Grund ist es laut Kritiker·innen eben nicht zum Schaden der Debatte, wenn Gruppierungen wie bestimmte NGOs ihre Argumente vorbringen und damit an der früheren »Deutungshoheit« der Landwirt·innen und Nutztierpraktiker·innen rütteln, im Gegenteil und frei nach dem bereits zitierten Niklas Luhmann: Eingespielte Systeme tendieren dazu, reibungslos zu funktionieren bis sie auf Irritation »von außen« treffen und sich als Reaktion darauf zu verändern haben. Auch beim Blick auf Detailfragen wird deutlich, inwieweit aus dem »Sein« der gegebenen Antworten nicht simpel auf ein »Sollen« geschlossen werden kann; so zeigen die geforderten Ausbildungsinhalte, welche Kompetenzen und Skills es aus Sicht der Praktiker·innen braucht, um zukünftige Tierärzt·innen adäquat auf ihren Beruf vorzubereiten. Diese Fragestellung ist meines Erachtens auch im Nachgang der Erhebung so interessant wie relevant, zugleich darf nicht ausgeblendet werden, dass man an dieses Thema auch ganz anders herangehen könnte. Statt zu fragen, welches Curriculum Tierärzt·innen besser auf die aktuelle Situation im Beruf vorbereitet, könnte man nämlich auch fragen, inwieweit die gegebenen Bedingungen so verändert werden können, dass sich Tierärzt·innen stärker auf das konzentrieren dürfen, was sie in aller Regel zu ihrem Studium motiviert: nämlich Tieren zu helfen. In all diesen Beispielen zeigt sich, dass die Fragen und Antworten derartiger Studien zumeist auf den Status quo abzielen. Eine ethische Reflexion, der es um normative Schlussfolgerungen geht, hat jedoch auch und besonders grundlegende Fragen zu stellen, die über den Status quo hinausgehen. Dies ist keinesfalls den Teilnehmer·innen der Studie vorzuwerfen, sondern ein typisches Kennzeichen derartiger Erhebungen. Das eingangs geschilderte Motiv der Forschungsfrage hat damit nach wie vor Gültigkeit: Auch wenn man auf Basis der Studie nicht simpel normative, allgemein gültige Schlussfolgerungen ziehen darf, so ist es doch sinnvoll und notwendig, der befragten Berufsgruppe Beachtung zu schenken, zeigen sich in ihren moralischen Herausforderungen doch die Probleme und Kontroversen unserer Gesellschaft überhaupt: Ausgewählte Tiere werden mehr und mehr zu Familienmitgliedern erkoren, Tiere gelten als süß, klug und wichtige Gefährten im Leben, zugleich ist der Fleischkonsum nach wie vor extrem hoch. Die allermeisten Menschen in Mitteleuropa essen täglich tierische Produkte, wollen Bilder aus der Nutztierhaltung – und zwar selbst »best-practice«-Beispiele – jedoch immer weniger mit eigenen Augen sehen. Während in Umfragen »Mehr Tierwohl« als eine zentrale gesellschaftliche Erwartungshaltung an die Landwirtschaft herangetragen wird, wollen im Supermarkt (zu) wenige einen entsprechenden Aufpreis dafür bezahlen. All diese Dynamiken gehen am Berufsfeld der Nutztierpraktiker:innen nicht spurlos vorüber. Spannend wäre vor diesem Hintergrund – mit Blick auf zukünftige Forschung – auch und besonders der Frage nachzugehen, worin die Motive jener Tierärzt·innen liegen, die den Bereich der Nutztierhaltung verlassen. Liegt es an ökonomischen Überlegungen? An der Work-Life-Balance? An Fragen der Familienplanung? Oder spielen dabei eben doch auch moralische Überlegungen und die gesellschaftliche Debatte eine entscheidende Rolle?

Der aktuelle Status quo bedeutet für uns, nämlich für breite Teile der Gesellschaft, jedenfalls einen unglaublich bequemen Zustand: Nahrungsmittel sind billig, sicher und im Überfluss vorhanden. Die Tatsache, dass im Grunde eine überschaubare Anzahl an Personen genug Essen für uns alle zu produzieren imstande ist, erlaubt uns darüber hinaus die Möglichkeit, auf die Lebensmittelproduktion zu blicken als wären wir Außenstehende, als hätten wir nichts damit zu tun, während in Wahrheit die Landwirt·innen und Tierärzt·innen ihrem Beruf weitgehend innerhalb bestimmter, enger Rahmenbedingungen nachgehen, die wir als Konsument·innen wie Bürger·innen ihnen vorgeben. Ich wiederhole an dieser Stelle die Worte, die ich in meiner Einführung in eine »Ethik für die Landwirtschaft« geschrieben habe: »Der Blick in den Stall und auf das Feld gleicht aus Sicht der Gesellschaft demnach einem Blick in den Spiegel: Wir sehen die Konsequenzen unserer Handlungen. Gefällt uns nicht, was wir sehen, müssen wir etwas ändern. In anderen Worten: Landwirtschaft ist seit jeher als gesellschaftlicher Ort der Produktion von Nahrungsmitteln verstanden worden; sie ist aber auch als ein Ort zu verstehen, an dem wir als Gesellschaft gemeinsam bedeutsame Werte realisieren.« (Dürnberger 2020, 173) Diese Feststellung entbindet Tierärzt·innen freilich nicht von einer kritischen Selbstreflexion; so kann die Frage gestellt werden, inwieweit Veterinärmediziner·innen im Bereich der Nutztierhaltung gegenwärtig ihrer beruflichen Verantwortung nachkommen (können), wie sie exemplarisch im so genannten »Ethik-Kodex« festgehalten wurde. Dort heißt es etwa, dass sich Tierärzt·innen »für tiergerechte Haltungsbedingungen aller Tiere in menschlicher Obhut« einsetzen und sie ihre Behandlungen »stets am Wohlbefinden der Tiere aus[richten].« (Bundestierärztekammer) Ist dies unter den gegenwärtigen Bedingungen überhaupt möglich? Tierärzt·innen dürfen sich dieser kritischen Selbstreflexion demnach nicht verschließen – wir, die Bürger·innen und Konsument·innen, aber ebenso wenig.

Literatur

Arbe Montoya, A., Matthew, S.M., Hazel, S., McArthur, M. (2019). Moral distress in veterinarians. Vet Rec, https://doi.org/10.1007/s001090000086.

Arzheimer, K. (2002). Politikverdrossenheit. Bedeutung, Verwendung und empirische Relevanz eines politikwissenschaftlichen Begriffes. Westdeutscher Verlag, Wiesbaden.

Bachynsky, E.A., Dale, V.H., Kinnison, T., Gazzard, J., Baillie, S. (2013). A survey of the opinions of recent veterinary graduates and employers regarding early career business skills. Vet Rec. 2013;172(23): 604–609. http://dx.doi.org/10.1136/vr.101376.

Batchelor, C.E.M., McKeegan, D.E.F. (2012). Survey of the frequency and perceived stressfulness of ethical dilemmas encountered in UK veterinary practice. Vet Rec, https://doi.org/10.1136/vr.100262.

Bell, M.A., Cake, M.A., Mansfield, C.F. (2018). Beyond Competence: Why We Should Talk About Employability in Veterinary Education. J Vet Med Educ 45(1): 27–37. doi: 10.3138/jvme.0616-103R1.

Bergstra T.J., Hogeveen, H., Stassen, E.N. (2017). Attitudes of different stakeholders toward pig husbandry: a study to determine conflicting and matching attitudes toward animals, humans and the environment. Agr Hum Values 34(2): 393–405. https://doi.org/10.1007/s10460-016-9721-4.

Boehm, J., Kayser, M., Spiller, A. (2010). Two Sides of the Same Coin? Analysis of the Web-Based Social Media with Regard to the Image of the Agri-Food Sector in Germany. Int. J. Food Syst. Dyn. 3: 264–278. https://doi.org/10.18461/ijfsd.v1i3.139.

Bok, H.G., Teunissen, P.W., Boerboom, T.B., Rhind, S.M., Baillie, S., Tegzes, J., Annandale, H., Matthew, S., Torgersen, A., Hecker, K.G., Härdi-Landerer, C.M., Gomez-Lucia, E., Ahmad, B., Muijtjens, A.M., Jaarsma, D.A., van der Vleuten, C.P., van Beukelen, P. (2014). International survey of veterinarians to assess the importance of competencies in professional practice and education. JAVMA 245(8): 906–913. https://doi.org/10.2460/javma.245.8.906.

Boogaard, B.K., Oosting, S.J., Bock, B.B. (2008). Defining sustainability as a socio-cultural concept: Citizen panels visiting dairy farms in the Netherlands. Livest 117: 24–33.

Boogaard, B.K., Bock, B.B., Oosting, S.J., Wiskerke, J.S.C., van der Zijpp, A.J. (2011). Social Acceptance of Dairy Farming: The Ambivalence Between the Two Faces of Modernity. J. Agric. Environ. Ethics 24(3): 259–282. https://doi.org/10.1007/s10806-010-9256-4.

Bristol, D.G. (2002). Using alumni research to assess a veterinary curriculum and alumni employment and reward patterns. J Vet Med Educ. 2002;29(1): 20–27. http://dx.doi.org/10.3138/jvme.29.1.20.

Bundestierärztekammer. Ethik-Kodex der Tierärztinnen und Tierärzte Deutschlands. https://www.bundestieraerztekammer.de/btk/ethik/.

Busch, G., Gauly, S., Spiller, A. (2015). Wie wirken Bilder aus der modernen Tierhaltung der Landwirtschaft auf Verbraucher? Neue Ansätze aus dem Bereich des Neuromarketings, in: Schriftenreihe der Rentenbank 31, Die Landwirtschaft im Spiegel von Verbrauchern und Gesellschaft: 67–94.

Cake, M.A., Rhind, S.M., Baillie, S. (2014). The need for business skills in veterinary education. Perception vs evidence, in: Collete, H. (Hrsg.), Veterinary Business and Enterprise. Theoretical foundations and practical cases. Elsevier: 9–20.

Cake, M.A., Bell, M.A., Williams, J.C., et al. (2016). Which professional (non-technical) competencies are most important to the success of graduate veterinarians? A Best Evidence Medical Education (BEME) systematic review: BEME Guide No. 38. Med Teach. 38(6): 550–63. http://dx.doi.org/10.3109/0142159X.2016.1173662.

Clark, B., Stewart, G.B., Panzone, L.A., Frewer, L.J. (2016). A Systematic Review of Public Attitudes, Perceptions and Behaviours Towards Production Diseases Associated with Farm Animal Welfare. J. Agric. Environ. Ethics 29(3): 455–478. https://doi.org/10.1007/s10806-016-9615-x.

Dürnberger, C. (2019a). It's Not About Ethical Dilemmas: A Survey of Bavarian Veterinary Officers' Opinions on Moral Challenges and an e-Learning Ethics Course. J Agr Environ Ethic 32(5-6): 891–903. https://doi.org/10.1007/s10806-019-09805-z

Dürnberger, C. (2019b). ›You should be slaughtered!‹ Experiences of criticism/hate speech, motives and strategies among German-speaking livestock farmers using social media. Int. J. Livest. Res. 2019; 10(5): 151–165. https://doi.org/10.5897/IJLP2018.0567.

Dürnberger, C. (2020). Ethik für die Landwirtschaft. Das philosophische Bauernjahr. Ohne Verlag.

Düwell, M. (2008). Bioethik. Methoden, Theorien und Bereiche. Verlag J.B. Metzler, Stuttgart und Weimar.

Epstein, E.G., Delgado, S. (2010). Understanding and addressing moral distress. OJIN. 15(3), Manuscript 1.

Gerber, M., Dürr, S., Bodmer, M. (2020). Survey among livestock veterinarians from the Canton of Fribourg investigating the topics of herd-health management, counselling and the use of antimicrobial drugs. Schweiz Arch Tierheilkd. 162(1): 23–36. doi: 10.17236/sat00240.

Gilling, M.L., Parkinson, T.J. (2009). The transition from veterinary student to practitioner: a »make or break« period. J Vet Med Educ. 36(2): 209–215. http://dx.doi.org/10.3138/jvme.36.2.209.

Hall, J., Wapenaar. W. (2012). Opinions and practices of veterinarians and dairy farmers towards herd health management in the UK. Vet Rec. 2012 Apr 28;170(17): 441. doi: 10.1136/vr.100318.

Hodgson, J.L., Pelzer, J.M., Inzana, K.D. (2013). Beyond NAVMEC: competency-based veterinary education and assessment of the professional competencies. J Vet Med Educ. 2013;40(2): 102–118. http://dx.doi.org/10.3138/jvme.1012-092R.

Jaarsma, D.A.D.C., Dolmans, D.H.J.M., Scherpbier, A.J.J.A. et al. (2008). Preparation for practice by veterinary school: a comparison of the perceptions of alumni from a traditional and an innovative veterinary curriculum. J Vet Med Educ. 2008;35(3): 431–438. http://dx.doi.org/10.3138/jvme.35.3.431.

Jameton A. (2017). What moral distress in nursing history could suggest about the future of health care. AMA J Ethics, 19(6): 617-628.

Kant, I. Grundlegung der Metaphysik der Sitten. Stuttgart, Reclam.

Kayser, M., Spiller, A. (2012). Das Image der verschiedenen Fleischarten aus KonsumentInnen-Sicht, in: Hambrusch, J., Hoffmann, C., Kantelhardt, J., Oedel-Wieser, T. (Eds.), Jahrbuch der österreichischen Gesellschaft für Agrarökonomie 21(1): 23–31.

Kipperman, B., Morris, P., Rollin, B. (2018). Ethical dilemmas encountered by small animal veterinarians: characterisation, responses, consequences and beliefs regarding euthanasia. Vet Rec, https://doi.org/10.1136/vr.104619.

Kondrup, S.V., Anhøj, K.P., Rødsgaard-Rosenbeck, C., Lund, T.B., Nissen, M.H., Sandøe, P. (2016). Veterinarian's dilemma: A study of how Danish small animal practitioners handle financially limited clients. Vet Rec, https://doi.org/10.1136/vr.103725.

Krystallis, A., de Barcellos, M.D., Kügler, J.O., Verbeke, W., Grunert, K.G. (2009). Attitudes of European citizens towards pig production systems. Livest 126: 46–56. https://doi.org/10.1016/j.livsci.2009.05.016.

Kuckartz, U. (2012). Qualitative Inhaltsanalyse. Methoden, Praxis, Computerunterstützung. Beltz Juventa, Weinheim und Basel.

Luhmann, N. (2012). Die Moral der Gesellschaft. Herausgegeben von Detlef Horster. 3. Auflage. Suhrkamp, Frankfurt am Main.

Magalhães-Sant'Ana, M., Hanlon, A. (2016). Straight from the Horse's Mouth: Using Vignettes to Support Student Learning in Veterinary Ethics. J Vet Med Educ 43(3): 321–330. https://doi.org/10.3138/jvme.0815-137R1.

Mayring, P. (2015). Qualitative Inhaltsanalyse. Grundlagen und Techniken. 12. überarbeitete Auflage. Beltz Verlag, Weinheim.

McCarthy J, Deady R. (2008). Moral Distress Reconsidered. Nurs Ethics 2008; 15(2), 254-262: 255f.

Mee, J.F. (2007). The role of the veterinarian in bovine fertility management on modern dairy farms. Theriogenology. 2007 Sep 1; 68 Suppl 1: 257–265. https://doi.org/10.1016/j.theriogenology.2007.04.030.

Monteverde S. (2013). Pflegeethik und die Sorge um den Zugang zu Pflege. Pflege. 26(4): 271–280.

Moore, I.C., Coe, J.B., Adams, C.L., et al. (2014). The role of veterinary team effectiveness in job satisfaction and burnout in companion animal veterinary clinics. J Am Vet Med Assoc. 2014; 245(5): 513–524. http://dx.doi.org/10.2460/javma.245.5.513.

Morgan, C.A., McDonald, M. (2007). Ethical dilemmas in veterinary medicine. Vet Clin North Am Small Anim Pract 2007; 37(1): 165–179. https://doi.org/10.1016/j.cvsm.2006.09.008

Morgan, C.A. (2009). Stepping up to the plate. Veterinarians, animal welfare and ethical dilemmas. Vancouver: University of British Columbia.

Mullan, S., Fawcett, A. (2017). Veterinary ethics: Navigating tough cases. 5m Publishing: Sheffield.

Oh, Y., Gastmans C. (2015). Moral distress experienced by nurses: A quantitative literature review. Nurs Ethics. 22(1): 15–31.

Rathwell-Deault, D., Godard. B., Frank, D., Doizé, B. (2017). Conceptualization of convenience euthanasia as an ethical dilemma for veterinarians in Quebec. Can Vet J . 58(3): 255–260.

Regan, T. (1983). The Case for Animal Rights. University of California Press.

Regan, T. (1997). Wie man Rechte für Tiere begründet. In: Krebs, Angelika (Hrsg.): Naturethik. Grundtexte der gegenwärtigen tier- und ökoethischen Diskussion. Suhrkamp Taschenbuch, Frankfurt am Main. 33–46.

Rhind, S.M., Baillie, S., Kinnison, T., et al. (2011). The transition into veterinary practice: opinions of recent graduates and final year students.

BMC Med Educ. 2011; 11(1): 64. http://dx.doi.org/10.1186/1472-6920-11-64.

Rollin, B. (2006). An Introduction to Veterinary Medical Ethics: Theory And Cases. 2. Auflage. Wiley-Blackwell: Oxford.

Special Eurobarometer. (2018). Special Eurobarometer 473. Europeans, Agriculture and the CAP. Retrieved February 10, 2019. https://data.europa.eu/euodp/data/dataset/S2161_88_4_473_ENG (4. Juli 2021).

Tannenbaum, J. (1993). Veterinary medical ethics: a focus of conflicting interests. J Soc Issues 49: 143–56. https://doi.org/10.1111/j.1540-4560.1993.tb00914.x.

Weible, D., Christoph-Schulz, I., Salamon, P., Zander, K. (2016). Citizens' perception of modern pig production in Germany: a mixed-method research approach. British Food Journal 118 (8): 2014–2032. https://doi.org/10.1108/BFJ-12-2015-0458.

Wildraut, C., Plesch, G., Härlen, I., Simons, J., Hartmann, M., Ziron, M., Mergenthaler, M. (2015). Multimethodische Bewertung von Schweinehaltungsverfahren durch Verbraucher anhand von Videos aus realen Schweineställen. Forschungsberichte des Fachbereichs Agrarwirtschaft Soest 36.

Williams, B. (1978). Ethical Consistency. J. Raz J (Hrsg.), Practical Reasoning. Oxford: Oxford University Press: 91–109

Wöhlke, S., Wiesemann, C. (2016). Moral distress im Pflegealltag und seine Bedeutung für die Implementierung von Advance Care Planning. In: Pflegewissenschaft 18 (5/6): 280.

Über den Autor

Christian Dürnberger, Dr. phil., arbeitet seit über einem Jahrzehnt an verschiedenen Forschungsinstitutionen zu ethischen Fragen in der Landwirtschaft. Er ist Referent und Autor von Büchern zu diversen Themen, beispielsweise über Grüne Gentechnik, Bioenergie, Genome Editing oder ethische Fragen der Veterinärmedizin. Besondere Bekanntheit erlangte sein Buch »Ethik für die Landwirtschaft«.

Er ist Universitätsassistent am Messerli Forschungsinstitut, Abteilung Ethik der Mensch-Tier-Beziehung an der Veterinärmedizinischen Universität Wien, Medizinischen Universität Wien und Universität Wien und lehrt am Campus Francisco Josephinum Wieselburg. Frühere Arbeitsstellen waren die Ludwig-Maximilians-Universität München, das Institut Technik-Theologie-Naturwissenschaften sowie die Hochschule für Philosophie München. Mehr Informationen finden sich unter www.christianduernberger.at.